INTERDISCIPLINARIDADE E APRENDIZAGEM DA MATEMÁTICA EM SALA DE AULA

COLEÇÃO TENDÊNCIAS EM EDUCAÇÃO MATEMÁTICA

INTERDISCIPLINARIDADE E APRENDIZAGEM DA MATEMÁTICA EM SALA DE AULA

Vanessa Sena Tomaz
Maria Manuela M. S. David

4ª edição

autêntica

Copyright © 2008 As autoras

Todos os direitos reservados pela Autêntica Editora Ltda. Nenhuma parte desta publicação poderá ser reproduzida, seja por meios mecânicos, eletrônicos, seja via cópia xerográfica, sem a autorização prévia da editora.

COORDENADOR DA COLEÇÃO TENDÊNCIAS EM EDUCAÇÃO MATEMÁTICA
Marcelo de Carvalho Borba
(Pós-Graduação em Educação Matemática/UNESP, Brasil)
gpimem@rc.unesp.br

CONSELHO EDITORIAL
Airton Carrião (COLTEC/UFMG, Brasil), Hélia Jacinto (Instituto de Educação/Universidade de Lisboa, Portugal), Jhony Alexander Villa-Ochoa (Faculdade de Educação/Universidade de Antioquia, Colômbia), Maria da Conceição Fonseca (Faculdade de Educação/UFMG, Brasil), Ricardo Scucuglia da Silva (Pós-Graduação em Educação Matemática/UNESP, Brasil)

EDITORAS RESPONSÁVEIS
Rejane Dias
Cecília Martins

REVISÃO
Dila Bragança de Mendonça

CAPA
Diogo Droschi

DIAGRAMAÇÃO
Camila Sthefane Guimarães

Dados Internacionais de Catalogação na Publicação (CIP)
(Câmara Brasileira do Livro, SP, Brasil)

Tomaz, Vanessa Sena
   Interdisciplinaridade e aprendizagem da matemática em sala de aula / Vanessa Sena Tomaz e Maria Manuela M. S. David. -- 4. ed. -- Belo Horizonte : Autêntica, 2021. -- (Coleção Tendências em Educação Matemática).

Bibliografia.
ISBN 978-85-513-0748-9

   1. Abordagem interdisciplinar do conhecimento na educação 2. Educação - Finalidades e objetivos 3. Matemática - Estudo e ensino 4. Professores - Formação 5. Sala de aula I. David, Maria Manuela M. S. II. Borba, Marcelo de Carvalho. III. Título IV. Série.

19-31972   CDD-371.3

Índices para catálogo sistemático:
1. Matemática : Interdisciplinaridade : Educação 371.3

Maria Alice Ferreira - Bibliotecária - CRB-8/7964

Belo Horizonte
Rua Carlos Turner, 420
Silveira . 31140-520
Belo Horizonte . MG
Tel.: (55 31) 3465 4500

São Paulo
Av. Paulista, 2.073 . Conjunto Nacional
Horsa I . Sala 309 . Cerqueira César
01311-940 . São Paulo . SP
Tel.: (55 11) 3034 4468

www.grupoautentica.com.br
SAC: atendimentoleitor@grupoautentica.com.br

Nota do coordenador

A produção em Educação Matemática cresceu consideravelmente nas últimas duas décadas. Foram teses, dissertações, artigos e livros publicados. Esta coleção surgiu em 2001 com a proposta de apresentar, em cada livro, uma síntese de partes desse imenso trabalho feito por pesquisadores e professores. Ao apresentar uma tendência, pensa-se em um conjunto de reflexões sobre um dado problema. Tendência não é moda, e sim resposta a um dado problema. Esta coleção está em constante desenvolvimento, da mesma forma que a sociedade em geral, e a, escola em particular, também está. São dezenas de títulos voltados para o estudante de graduação, especialização, mestrado e doutorado acadêmico e profissional, que podem ser encontrados em diversas bibliotecas.

A coleção Tendências em Educação Matemática é voltada para futuros professores e para profissionais da área que buscam, de diversas formas, refletir sobre essa modalidade denominada Educação Matemática, a qual está embasada no princípio de que todos podem produzir Matemática nas suas diferentes expressões. A coleção busca também apresentar tópicos em Matemática que tiveram desenvolvimentos substanciais nas últimas décadas e que podem se transformar em novas tendências curriculares dos ensinos fundamental, médio e superior. Esta coleção é escrita por pesquisadores em Educação Matemática e em outras áreas da Matemática, com larga experiência docente, que pretendem estreitar as interações entre a Universidade – que produz pesquisa – e os diversos cenários em que se realiza essa educação. Em alguns livros, professores da educação básica se tornaram também autores. Cada livro indica uma extensa bibliografia na qual o leitor poderá buscar um aprofundamento em certas tendências em Educação Matemática.

Neste livro, as autoras Vanessa Sena Tomaz e Maria Manuela M. S. David apresentam exemplos de situações de sala de aula em que é possível perceber a associação entre as aprendizagens e a participação nas práticas escolares respaldadas em perspectivas histórico-culturais, como a da Aprendizagem Situada, e em elementos da Teoria da Atividade e da Abordagem Ecológica da Percepção. Elas mostram como essas perspectivas teóricas podem ajudar a desenvolver uma percepção mais apurada sobre o que se aprende de Matemática e como se aprende, não apenas entre os(as) pesquisadores(as) e formadores(as) de professores, mas também entre os próprios professores.

Respaldados nessas perspectivas, e levando em consideração o atual crescimento do interesse em abordagens interdisciplinares dos conteúdos escolares, os exemplos aqui apresentados tomam como pressuposto que as práticas e as aprendizagens matemáticas não se encerram nem se limitam ao espaço restrito da disciplina escolar Matemática. Nesse sentido, outras práticas de outras disciplinas escolares serão discutidas também.

*Marcelo de Carvalho Borba**

---

* Marcelo de Carvalho Borba é licenciado em Matemática pela UFRJ, mestre em Educação Matemática pela Unesp (Rio Claro, SP) doutor, nessa mesma área pela Cornell University (Estados Unidos) e livre-docente pela Unesp. Atualmente, é professor do Programa de Pós-Graduação em Educação Matemática da Unesp (PPGEM), coordenador do Grupo de Pesquisa em Informática, Outras Mídias e Educação Matemática (GPIMEM) e desenvolve pesquisas em Educação Matemática, metodologia de pesquisa qualitativa e tecnologias de informação e comunicação. Já ministrou palestras em 15 países, tendo publicado diversos artigos e participado da comissão editorial de vários periódicos no Brasil e no exterior. É editor associado do *ZDM* (Berlim, Alemanha) e pesquisador 1A do CNPq, além de coordenador da Área de Ensino da CAPES (2018-2022).

Sumário

Introdução 9

Capítulo I
Os temas transversais e o fazer pedagógico na escola 13
Investigação, modelagem matemática e interdisciplinaridade 21
Nossa perspectiva de interdisciplinaridade 24

Capítulo II
Prática e aprendizagem: diferentes perspectivas 27

Capítulo III
O tema Água gera uma atividade escolar interdisciplinar 45
A proposta de desenvolvimento do tema Água em sala de aula 50
As atividades que estruturaram a Atividade Interdisciplinar Água 58

Capítulo IV
As aulas de Artes gerando
oportunidades de interdisciplinaridade 97
A leitura de obras de Arte e a discussão
sobre as medidas da tela e a noção de paródia 98
O uso da noção da Perspectiva na produção artística
e sua utilização em uma releitura do trabalho sobre a Água 104
Ampliando significados relacionados ao tema Água 114

Capítulo V
Implicações para a prática docente 117

Referências 123

Introdução

Acreditamos que pelo menos a maioria dos nossos prováveis leitores – professores de Matemática da Educação Básica, formadores de professores e pesquisadores em Educação Matemática – reconhecem que a tarefa de captar as aprendizagens matemáticas dos alunos ocorridas em sala de aula não é uma tarefa nada simples. Nos últimos anos temos nos dedicado a essa tarefa de procurar mostrar o que se aprende de Matemática nas escolas, e como se aprende.

Neste livro vamos apresentar alguns exemplos de situações de sala de aula por meio das quais, acreditamos, nos foi possível captar algumas das aprendizagens matemáticas que lá ocorreram, com a participação dos alunos nas práticas escolares. Como observadoras e pesquisadoras dessas práticas, fizemos opção pela associação entre as aprendizagens e a participação nas práticas escolares respaldadas em perspectivas histórico-culturais sobre a aprendizagem, que endossamos, e elas nos possibilitaram perceber o que os alunos estavam aprendendo em cada situação. Nosso objetivo não é apresentar nem defender nenhuma teoria específica sobre a aprendizagem matemática na escola, mas apenas mostrar como algumas perspectivas teóricas podem ajudar a desenvolver uma percepção mais apurada sobre o que se aprende de Matemática e como se aprende, não apenas entre os(as) pesquisadores(as) e formadores(as) de professores, mas também entre os próprios professores. Respaldadas ainda nessas perspectivas e levando em consideração a atual ênfase em abordagens interdisciplinares dos conteúdos escolares, tomamos como pressuposto nos exemplos que serão apresentados que as práticas e aprendizagens matemáticas não se encerram nem se limitam ao espaço específico da disciplina escolar Matemática, portanto outras práticas de outras disciplinas escolares serão discutidas também.

No Capítulo I, esclarecemos a concepção de interdisciplinaridade que vamos adotar e como ela se relaciona com outras perspectivas pedagógicas que procuram compreender o conhecimento matemático como resultado de uma construção humana, inserida em um processo social e histórico. Trata-se de uma ampliação da noção de interdisciplinaridade desenvolvida a partir de alguns processos observados em sala de aula, quando da implementação de propostas que buscam romper com as fronteiras disciplinares.

No Capítulo II, apresentamos diferentes perspectivas de aprendizagem e explicamos por que partimos da perspectiva da aprendizagem situada de Lave (1988), que descreve a aprendizagem como participação em uma prática e comunga dos mesmos pressupostos teóricos da concepção de interdisciplinaridade que adotamos para ressignificar a noção de transferência e descrever as aprendizagens em sala de aula.

Nos capítulos III e IV, vamos apresentar algumas situações de sala de aula que evidenciam diferentes abordagens interdisciplinares dos conteúdos escolares. Duas situações fazem parte de um conjunto de atividades das disciplinas de Matemática, Português e Geografia desenvolvidas dentro de um tema amplo: Água. Essas duas situações ocorreram nas aulas de Matemática. A terceira situação é composta de oportunidades, que surgiram nas aulas de Artes, de fazer relação entre Artes, Matemática e outras disciplinas. Essas oportunidades não foram planejadas previamente pela professora nem foram ocasionadas propositalmente para desenvolver um tema, como no caso das duas anteriores, e muitas vezes surgem por iniciativa dos próprios alunos.

Na primeira situação, descreve-se uma atividade desenvolvida na aula de Matemática, para mostrar aos alunos uma aplicação da noção de *regra de três* em situações do seu cotidiano relacionadas ao tema Água. A segunda situação exemplifica como a interdisciplinaridade também pode ser alcançada a partir de problemas que traduzem para a linguagem da Matemática escolar situações do cotidiano relacionadas ao tema. Finalmente, na terceira situação, apresenta-se uma série de práticas que parecem ter um caráter esporádico e por vezes nem são desenvolvidas de forma deliberada. Mas verificamos que são mais frequentes em sala de aula do que pensávamos inicialmente: o professor toma a iniciativa de chamar a atenção do aluno para as relações que podem ser feitas entre duas disciplinas. Os alunos e os professores utilizam elementos de outra disciplina para analisar e introduzir novos conhecimentos naquela disciplina em que uma atividade está sendo realizada, ou o próprio aluno aciona esses mesmos elementos em outras situações para auxiliá-lo na compreensão ou na apresentação do que está sendo estudado nessas outras situações. As duas primeiras situações apresentam-se com objetivos claramente definidos *a priori*, enquanto a terceira situação surge do próprio contexto criado em sala de aula como possibilidade de articulação de disciplinas sem, necessariamente, vinculação com um tema interdisciplinar específico. Nas três situações, a participação dos alunos e dos professores nas tarefas e atividades que estão sendo realizadas nos fornece elementos para caracterizar diferentes aspectos da interdisciplinaridade na sala de aula.

No Capítulo V, apresentamos algumas implicações para as práticas de um professor que pretenda promover a interdisciplinaridade e como ele pode criar um ambiente favorável que o ajude a perceber o que e como os seus alunos aprendem.

Capítulo I

Os temas transversais e o fazer pedagógico na escola

As demandas do mundo contemporâneo fazem com que a sociedade passe a ter que assimilar novos conhecimentos para lidar com fatos e fenômenos do dia a dia. Naturalmente, espera-se que a educação se apresente como uma possibilidade de acesso da população a tais conhecimentos, que são validados pela sua incorporação às práticas sociais. As ações contemporâneas requerem, muitas vezes, formas diferentes ou novas formas de pensar do ser humano, em que múltiplos olhares são reunidos para tratar de um único problema. A Matemática vem ganhando espaço nesse cenário e sendo demandada a produzir modelos para descrever ou ajudar a compreender fenômenos nas diversas áreas do saber, produzindo conhecimentos novos nessas áreas, ao mesmo tempo que se desenvolve enquanto campo de conhecimento científico.

Contraditoriamente, embora a multiplicidade de fatores sociais, econômicos e culturais acene para a interdisciplinaridade como uma solução para os limites e as incapacidades das disciplinas isoladas de compreender a realidade e responder às demandas do mercado de trabalho, na prática, difunde-se ainda na maioria das escolas um conhecimento fragmentado, deixando para o aluno estabelecer sozinho as relações entre os conteúdos. Reúnem-se conteúdos e métodos de educação escolar com a intenção de servir às necessidades básicas de aprendizagem dos indivíduos e das sociedades. Mas essa forma como se tem procurado produzir conhecimento na escola não atende a todas as exigências a que estão sendo submetidos os indivíduos.

Percebendo essas limitações das escolas, muitas pesquisas em Educação, particularmente em Educação Matemática, vêm produzindo e ampliando consideravelmente o conhecimento sobre os processos de construção de significado, as formas de aprendizagem e sobre os procedimentos de ensino, o que se tem traduzido em reformulações curriculares e em novas diretrizes pedagógicas que se fazem presentes nos meios escolares.[1] Essas propostas pretendem mudar o isolamento e a fragmentação dos conteúdos, ressaltando que o conhecimento disciplinar por si só não favorece a compreensão de forma global e abrangente de situações da realidade vividas pelo aluno, elegendo dois princípios básicos para o ensino de Matemática: o da contextualização e o da interdisciplinaridade. De acordo com o primeiro, o ensino da Matemática deve estar articulado com as várias práticas e necessidades sociais, mas de forma alguma se propõe que todo conhecimento deva sempre ser aprendido a partir das situações da realidade dos alunos. Outra forma de contextualização pode ocorrer via inter-relações com outras áreas do conhecimento, que, por sua vez, pode ser entendida como uma forma de interdisciplinaridade. O segundo princípio, a interdisciplinaridade, pode ser esboçado por meio de diferentes propostas, com diferentes concepções, entre elas, aquelas que defendem um ensino aberto para inter-relações entre a Matemática e outras áreas do saber científico ou tecnológico, bem como com as outras disciplinas escolares.

Assim, na tentativa de dar conta da complexidade das situações a que os indivíduos estão sendo submetidos e das tendências atuais defendidas no campo da Educação, o discurso escolar passou a defender a organização dos conteúdos incorporando as perspectivas da interdisciplinaridade e da contextualização, que se refletiram também nos livros didáticos,[2] nas propostas pedagógicas dos sistemas de

---

[1] Os Parâmetros Curriculares Nacionais (PCNs) são um exemplo dessas propostas.

[2] Entre outros, citamos os livros didáticos escritos por Imenes (1999) e Marcondes (2000) onde essa perspectiva fica evidenciada, segundo o Guia do Livro Didático editado pelo Mec em 2007 para o PNLD 2008.

ensino municipais e estaduais.[3] A Matemática escolar passa a ser vista como um meio de levar o aluno à participação mais crítica na sociedade, pois a escola começa a ser encarada como um dos ambientes em que as relações sociais são fortemente estabelecidas. Aliada a esse objetivo, a Matemática também é chamada a engajar-se na crescente preocupação com a formação integral do aluno como cidadão da sociedade contemporânea onde cada vez mais é obrigado a tomar decisões políticas complexas. Introduz-se, assim, definitivamente, na agenda da Matemática escolar, o ensino voltado para a formação de cidadãos críticos e responsáveis.

No entanto, efetivamente, as contribuições da educação escolar para a formação da cidadania, e da Matemática escolar para a participação crítica do ser humano na sociedade, são ainda muito incipientes. Ao analisar os resultados da pesquisa INAF[4] (FONSECA, 2004), D'Ambrosio defende que apesar de a população pesquisada ter demonstrado habilidades numéricas necessárias para um bom desempenho em algumas práticas cotidianas, elas não foram provavelmente adquiridas no contexto escolar. Quando existentes, na maioria das vezes, foram fruto de vivências cotidianas com a família, companheiros, colegas (D'AMBROSIO, 2004, p. 36). Essa observação reforça o discurso presente em diversos setores da sociedade de que a escola não vem fornecendo aos seus estudantes instrumentos que os tornem capazes de processar informações escritas, interpretar e manejar sinais e códigos, utilizar modelos matemáticos na vida cotidiana, além de usar e combinar instrumentos adequados a necessidades e situações. Enfim, a Escola não tem contribuído efetivamente para a formação cidadã dos indivíduos.

Com efeito, por exemplo, no que diz respeito às tentativas de desenvolver o ensino da Matemática na perspectiva da contextualização e da interdisciplinaridade, nem sempre elas têm sido avaliadas como *bem-sucedidas* porque muitas vezes os esforços de

---

[3] Ver proposta Escola Plural (1997) ou CBC-SEE-MG (2005).

[4] Indicador Nacional de Alfabetismo Funcional – pesquisa realizada pelo Instituto Paulo Montenegro para levantar dados sobre o letramento e as habilidades matemáticas da população brasileira. A análise dos resultados em Matemática, de 2002, pode ser encontrada em Fonseca (2004).

contextualização acabam resultando como artificiais, como naqueles livros didáticos em que o contexto das situações serve apenas como ponto de partida para obtenção dos dados numéricos que vão ser usados nas operações matemáticas (Brasil, 2007). Das dezesseis obras analisadas, naquele ano, em apenas nove coleções foram consideradas satisfatórias as articulações dos conteúdos matemáticos, quer dentro da própria Matemática, quer com as práticas sociais ou outras áreas de conhecimento. Enquanto muitas iniciativas que se concretizaram nos livros didáticos e/ou em sala de aula continuam recebendo críticas pela forma como estão sendo implementadas, as propostas curriculares oficiais não deixam de insistir na importância de se promover a articulação dos conteúdos escolares.

Assim, ao mesmo tempo que chamam atenção para a inadequação da abordagem fragmentada da Matemática, os PCNs (Brasil, 1998a) enfatizam que a Matemática é um importante componente na construção da cidadania, na medida em que a sociedade exige do cidadão cada vez mais conhecimentos científicos e domínio de recursos tecnológicos, e pedem mais atenção para o desenvolvimento de determinados valores, habilidades e atitudes dos alunos em relação ao conhecimento. Desse modo, colocam a ênfase na formação geral, e não no domínio de técnicas e procedimentos específicos. Essa formação, segundo os PCNs, poderia ser alcançada com a adoção de um currículo flexível a ser composto por cada unidade escolar, tomando como critério central a contextualização dos conhecimentos e a interdisciplinaridade. A interdisciplinaridade poderia ser alcançada quando os conhecimentos de várias disciplinas são utilizados para resolver um problema ou compreender um determinado fenômeno sob diferentes pontos de vista.

Os PCNs e PCNEM[5] (1999) defendem a abordagem dos conteúdos adotando-se uma organização que vai do global para o específico, desde o Ensino Fundamental, com progressiva "disciplinaridade" no Ensino Médio. Entretanto, a organização do trabalho escolar nos diversos níveis de ensino baseia-se até hoje na constituição de disciplinas, que se estruturam com certa independência, e são elas, na

---

[5] PCNEM: Parâmetros Curriculares Nacionais para o Ensino Médio.

verdade, que determinam a configuração curricular dominante que é, assim, conflitante com as propostas interdisciplinares. Dada essa tradição de organização do trabalho escolar e a falta de clareza sobre como concretizar uma prática pedagógica centrada na interdisciplinaridade, torna-se um grande desafio para cada unidade escolar organizar o seu currículo sem perder a perspectiva interdisciplinar.

Do ponto vista escolar, a interdisciplinaridade pode ser tomada numa concepção bem ampla, entendida como qualquer forma de combinação entre duas ou mais disciplinas com vista à compreensão de um objeto a partir da confluência de pontos de vista diferentes e tendo como objetivo final a elaboração de uma síntese relativamente ao objeto comum (POMBO, 1994, p. 13). Vista dessa perspectiva, a abordagem interdisciplinar dos conteúdos de ensino ajudaria a construir novos instrumentos cognitivos e novos significados extraindo da interdisciplinaridade um conteúdo constituído do cruzamento de saberes que traduziria os diálogos, as divergências e confluências e as fronteiras das diferentes disciplinas. Supõe-se que constituiríamos, assim, novos saberes escolares, pela interação entre as disciplinas.

Nos PCNs (BRASIL, 1998b), possivelmente para facilitar a compatibilidade e a aproximação com a estrutura disciplinar vigente, foi adotada uma concepção de interdisciplinaridade com um outro nível de abrangência, em que o desenvolvimento de projetos aparece como proposta para vencer a fragmentação do conhecimento escolar e promover uma educação para a construção da cidadania.[6] Com esse intuito, esse documento sugere que sejam feitas conexões dentro da própria Matemática, desta com outras disciplinas e com temas transversais, como ética, orientação sexual, meio ambiente, saúde e pluralidade cultural. A escolha desses temas transversais, na visão dos PCNs, justifica-se pelo seu próprio caráter transversal e interdisciplinar:

> Nas várias áreas do currículo escolar existem, implícita ou explicitamente, ensinamentos a respeito dos temas transversais, isto

---

[6] Os PCNs (1998a) reforçam que, se os conhecimentos não estiverem articulados dentro de sua própria área ou com outras áreas de conhecimento, dificilmente contribuirão para a formação integral do aluno.

> é, todas educam em relação a questões sociais por meio de suas concepções e dos valores que veiculam nos conteúdos, no que elegem como critério de avaliação, na metodologia de trabalho que adotam, nas situações didáticas que propõem aos alunos. Por outro lado, sua complexidade faz com que nenhuma das áreas, isoladamente, seja suficiente para explicá-los; ao contrário, a problemática dos temas transversais atravessa os diferentes campos do conhecimento. (BRASIL, 1998b, p. 26)

Entretanto, mesmo conscientes do potencial da Matemática para a formação cidadã e da certeza de que a Matemática não é um campo fechado em si mesmo, os educadores matemáticos e professores da Educação Básica ainda procuram por formas de concretizar essa formação ou maneiras de desenvolver projetos e promover a interdisciplinaridade, sem perder de vista os conteúdos matemáticos da Educação Básica.

Evidências dessas preocupações podem ser encontradas em relatos de pesquisa e observações de algumas práticas escolares (TOMAZ, 2002; 2007), inspiradas em uma concepção de interdisciplinaridade associada ao desenvolvimento de projetos que, entretanto, podem estar ou não relacionados com a exploração de temas transversais. Nas escolas, o termo projeto é usado com diversas conotações, isto é, tem um sentido muito amplo que engloba quase todas as iniciativas de integração no trabalho pedagógico. Essa diversidade de conotações que têm sido atribuídas nas escolas para os termos *projetos interdisciplinares e contextualização* nos impulsionam a procurar explicar qual o significado que a eles será atribuído neste texto, que servirá de base para as discussões que vamos desenvolver nos próximos capítulos.

Neste texto, entendemos a contextualização da Matemática como um processo sociocultural que consiste em compreendê-la, tal como todo conhecimento cotidiano, científico ou tecnológico, como resultado de uma construção humana, inserida em um processo histórico e social. Portanto, não se restringe às meras aplicações do conhecimento escolar em situações cotidianas nem somente às aplicações da Matemática em outros campos científicos. Segundo D'Ambrosio (2002, p. 78), "não se pode definir critérios de superioridade entre manifestações culturais", isto é, de um campo de contextualização em relação a outro. Todas as formas de fazer Matemática são manifestações culturais e, se devidamente contextualizadas, nenhuma deve ser considerada superior à outra.

Para esclarecer o que entendemos como interdisciplinaridade e para nos ajudar a descrever atividades interdisciplinares em sala de aula e as formas de aprendizagem que ocorrem nessas atividades, vamos retomar as discussões de Skovsmose (1994) sobre estratégias adotadas nas escolas da Dinamarca, que podem levar à Educação Matemática Crítica.[7] Esse autor relata que o trabalho com projetos é realizado por professores dinamarqueses que estão interessados na interdisciplinaridade e no envolvimento dos alunos como reais participantes no processo educacional. No desenvolvimento dessa proposta, os professores utilizam o que chamam de abordagem por *tematização*, amplamente usada nas escolas básicas, e a *organização-em-projetos*, mais encontrada no ensino superior. Essas duas estratégias são comuns também no Brasil.

A abordagem temática é também utilizada como forma de possibilitar aos alunos desenvolver competência crítica,[8] que pode ser desenvolvida com a participação em processos educacionais. Alrø e Skovsmose (2006) explicam de forma mais detalhada como essa competência crítica pode ser desenvolvida, analisando o papel dos diálogos para a promoção da aprendizagem em sala de aula. Segundo esses autores, fundamentados em Freire (1972, p. 14), na escola, o diálogo "deve colocar o universo das pessoas em pauta e fazer dele seu universo temático; dessa forma pode-se ter uma educação que leva à emancipação", não podendo existir o diálogo sem o engajamento das partes.

Não vemos incompatibilidade entre a proposta de Alrø e Skovsmose e a dos PCNs, no que diz respeito às formas de promover a interdisciplinaridade. Tal como eles, acreditamos que a adoção de

---

[7] Educação Matemática Crítica é um movimento que surgiu na década de 1980, que se preocupa sobretudo com os aspectos políticos da Educação Matemática. Nos trabalhos de Skovsmose, a principal discussão é a questão da democracia.

[8] Competência crítica é um termo-chave da Educação Matemática Crítica. A competência crítica é considerada como um recurso a ser desenvolvido através da participação tanto dos alunos como dos professores nos processos educacionais.

temas para organizar a abordagem dos conteúdos disciplinares é uma forma de promover a interdisciplinaridade e pode contribuir para o engajamento do aluno nas discussões dos conteúdos e desenvolver competência crítica.

Um tema, segundo Skovsmose (1994, p. 62), deve cumprir as seguintes condições:

- ser um tópico conhecido dos alunos ou passível de discussão de modo que conhecimentos não matemáticos ou da vida diária dos alunos possam ser utilizados;
- ser passível de discussão e de desenvolvimento num determinado tempo em um grupo;
- ter um valo r em si próprio, não devendo ser meramente ilustrativo para introduzir um novo tópico matemático teórico;
- ser capaz de criar conceitos matemáticos, ideias sobre sistematização ou ideias sobre como ou onde se usa Matemática;
- desenvolver algumas habilidades matemáticas;
- privilegiar a concretude social em detrimento da concretude no sentido físico.

Diversas pesquisas realizadas em escolas brasileiras, portuguesas e espanholas, como as de Tomaz (2002), Pombo (1994) e de Hernández e Ventura (1998), também mostram exemplos de projetos para o ensino numa perspectiva interdisciplinar que podem servir de inspiração para outros professores. Esses projetos foram organizados pelos professores, com participação ou não dos alunos, a partir de temas, em geral relacionados a um assunto de relevância social como aqueles que vêm de situações da vida diária dos alunos ou que possam ser discutidos numa linguagem natural, como "Olimpíadas" e "Copa do mundo". Há também os temas deliberadamente escolhidos para facilitar a utilização de ideias de diversas disciplinas em diferentes níveis, como "Globalização", "Petróleo", "Meio ambiente" e os que visam à discussão de grandes problemas sociais atuais, como "Violência e paz" ou "Aquecimento global". Os conteúdos curriculares são organizados em torno desses temas à medida que o trabalho com os alunos vai sendo realizado. Entretanto, como se verá mais adiante, muitas vezes, a forma como são propostos e desenvolvidos nas escolas não atende a todas as condições preconizadas por Skovsmose (1994) para um trabalho pedagógico centrado na *tematização*.

Investigação, modelagem matemática e interdisciplinaridade

Na perspectiva da tematização indicada por Skovsmose, desenvolver um tema pressupõe uma investigação. Ponte *et al.* (2003) afirmam que fazer uma investigação no âmbito escolar não significa necessariamente lidar com problemas muito sofisticados, mas se defrontar com questões interessantes e ainda sem respostas prontas. As atividades de investigação matemática podem fazer com que as interações ocorram naturalmente, em sala de aula e, reciprocamente, as interações em sala de aula podem favorecer o desenvolvimento dessas atividades, proporcionando ricas oportunidades de aprendizagem para o aluno. Investigar é procurar conhecer o que não se sabe, pesquisar, inquirir. Para isso, é preciso que o aluno seja colocado a explorar e formular questões, fazer conjecturas, testar e reformular as questões, justificar e avaliar resultados. Uma atitude investigativa apresenta, basicamente, três fases: introdução da situação-problema; realização da investigação (individualmente, em grupos menores ou com toda a turma) e discussão dos resultados. Quando apresentamos uma sequência de números naturais do tipo 1, 5, 9, 13,... e pedimos aos alunos para identificar relações entre esses números e expressar a forma geral dos seus termos, podemos desenvolver essa atividade sob a perspectiva da investigação matemática. O aluno pode levantar hipóteses sobre a soma dos *n* números da sequência e chegar a uma generalização. O problema matemático para investigação é definido *a priori* pelo professor como uma atividade de ensino-aprendizagem e "ajuda a trazer para a sala de aula o espírito da atividade matemática genuína" (PONTE *et al.*, 2003, p. 23).

Entretanto, quando estamos diante de temas mais gerais, não matemáticos, podemos expandir a investigação em sala de aula em direção ao trabalho de *modelagem matemática*. A *modelagem matemática*, que pode estar associada a várias outras tendências em Educação Matemática, é uma das formas de desenvolver o trabalho com um tema que tem recebido destaque especial no Brasil.

Segundo Borba e Penteado (2001), "na modelagem matemática os alunos escolhem um tema e, a partir desse tema, com auxílio do professor, eles fazem investigações" (p. 39). Nesse tipo de perspectiva da modelagem aborda-se um problema real e utilizam-se modelos matemáticos para interpretar e propor soluções para esse problema. Em experiências com modelagem matemática no desenvolvimento de uma disciplina de Matemática Aplicada do curso de Biologia, relatadas por Borba e Penteado (2001), podemos identificar a abordagem interdisciplinar dos conteúdos matemáticos. Neste curso os alunos escolheram temas ligados à Música, à Biologia e à própria Matemática para resolver problemas relacionados com esses temas, por meio de experimentação integrada à tecnologia. Em um dos exemplos apresentados, os alunos relacionaram a temperatura ambiente com o percentual de sementes de melões que germinaram, modelando matematicamente o seu experimento por meio de uma função quadrática, fazendo uso de calculadoras ou *softwares*. A partir do conhecimento que já possuíam sobre germinação, funções e derivação, os alunos optaram por utilizar o modelo da função quadrática para descrever o fenômeno, combinando argumentos que estão na interface entre a Biologia e a Matemática. Os alunos não criam esse modelo geral, isto é, a função quadrática; eles modelam um problema de Biologia segundo uma função quadrática. Como a abordagem do tema, em geral, requer a integração de conhecimentos de várias áreas, além do conhecimento matemático, torna-se natural associar modelagem matemática e interdisciplinaridade.

A modelagem matemática é ainda interpretada por Barbosa (2001) como um ambiente de aprendizagem em que a abordagem proposta aos alunos visa levá-los a indagar e investigar, por meio da Matemática, situações matemáticas e não matemáticas da realidade. Essa investigação é definida pelos próprios alunos, reunidos em grupos, de tal forma que a perspectiva da Educação Matemática

Crítica[9] embase o desenvolvimento do trabalho. Essa abordagem da modelagem matemática, em sintonia com uma corrente pedagógica sociocrítica, dá um destaque especial à reflexão resultante da aplicação pedagógica desse tipo de abordagem. O trabalho com modelagem em sala de aula, tomado como um ambiente de investigação, não pressupõe que rígidos procedimentos matemáticos sejam fixados previamente, para resolver ou analisar o problema em questão. Barbosa (2001) ressalta que a proposta de modelagem é colocada para os alunos como um convite para, por meio da Matemática, indagar e investigar situações com referência na realidade.

Jacobini e Wodewotzki (2006), ao comentar a abordagem proposta por Barbosa, incluem os projetos como uma forma de implementar essa abordagem da modelagem, com o olhar do professor voltado para a formação crítica e o amadurecimento acadêmico do aluno. Segundo esses autores, no desenvolvimento do projeto, o professor propõe situações-problema em sala de aula ligadas ao cotidiano do aluno, buscando aprofundar reflexões proporcionadas pelas investigações realizadas, tendo como horizonte utilizar o trabalho pedagógico com Matemática para o crescimento político e social do aluno. Um exemplo apresentado por Jacobini e Wodewotzki (2006) é o do acompanhamento dos projetos de Orçamento Participativo e Tributação e Imposto de Renda desenvolvidos em disciplinas de Estatística e Cálculo Diferencial e Integral. Os alunos dessas disciplinas investigaram o processo de composição do orçamento baseado na participação dos habitantes do município, através de fóruns de representantes. Ao realizar o projeto de tributação, os alunos refletiram e fizeram críticas sobre possíveis injustiças existentes no modelo brasileiro, vigente na época, de cobrança do imposto de renda. O envolvimento dos alunos nos projetos desencadeou outras reflexões relacionadas à democracia, mostrando que, além da competência para construir modelos e

---

[9] A perspectiva de modelagem adotada em Barbosa (2001) fundamenta-se principalmente nos trabalhos de Borba e Skovsmose (1997) que se preocupam com o papel social da Matemática, questionando aspectos como o poder formatador da Matemática. O conceito de poder formatador da Matemática, defendido por Skovsmose e Borba, enfatiza a possibilidade de a Matemática influenciar, gerar ou limitar ações na sociedade.

aplicar a Matemática, eles estavam igualmente preparados para refletir sobre as implicações sociais de suas descobertas.

Por outro lado, dentro de algumas abordagens da modelagem matemática, a interdisciplinaridade pode se configurar ainda por meio de outras estratégias, por exemplo, quando se parte de uma situação-problema que não estava inserida nem na discussão de um tema amplo, nem no desenvolvimento de um projeto. Nessas situações, o aluno também não dispõe de um método de solução definido previamente e para construir esse método, ele precisa fazer uma investigação, usando mais do que meios matemáticos. Ao desenvolver a investigação para resolver o problema proposto, o aluno pode ter necessidade de fazer reflexões que o conduzam a um crescimento social e político.

Entretanto, todas essas iniciativas podem não culminar na interdisciplinaridade, no sentido em que a estamos considerando neste texto e que será explicado mais adiante, pois nem sempre se consegue criar efetivamente situações de aprendizagem que levem os alunos a perceber e sistematizar *novos* conceitos matemáticos a partir da discussão do tema, desenvolvimento de um projeto ou resolução de uma situação-problema. Dependendo da forma como alunos e professores trabalham com a Matemática quando se adotam essas diferentes perspectivas, ela pode gerar a sensação de esvaziamento de conteúdo ou mesmo dificultar a mobilização dos diferentes conhecimentos disciplinares para a atividade proposta. Essa sensação de esvaziamento, provocada pelo sentimento de que apenas se está aplicando naquela situação um conhecimento matemático já conhecido, mas não se está construindo nada de novo, em geral leva os professores a fazer uma abordagem dos conteúdos matemáticos paralela ao tema, projeto ou situação-problema em discussão. Em resumo, essas iniciativas são pouco usadas para ensinar ou aprender Matemática.

Nossa perspectiva de interdisciplinaridade

Na tentativa de promover a interdisciplinaridade, seja nas perspectivas de modelagem matemática, seja em outras, corre-se o risco de colocar o foco mais na proposta de trabalho e menos na atividade dos sujeitos em si. Dessa forma, a interdisciplinaridade é legitimada muito mais pelo que há de comum entre os planejamentos disciplinares do que pela possibilidade de os sujeitos (alunos e professores) realizarem ações pedagógicas diferentes nas situações das quais participam e, ainda assim, promovem a interdisciplinaridade. Essas iniciativas podem levar em consideração que os planejamentos das disciplinas, articulados por um tema ou no desenvolvimento de um projeto, já trazem *a priori* determinados significados em torno do objeto de estudo que os tornam interdisciplinares. Parece desconsiderar que a construção de significados depende das condições do ambiente e seus sistemas de relações para a realização do projeto ou do tema, e dos sujeitos com os quais eles serão implementados. Esse modo de abordar a interdisciplinaridade parece refletir a crença de que ela vai se dar, independentemente das relações, das conexões ou das aplicações que os alunos ou professores são capazes de fazer em torno do tema, do projeto ou da situação-problema quando desenvolvem o trabalho pedagógico e de que ela ocorre apenas pelas inter-relações entre as disciplinas escolares. Acredita-se, parece, que os próprios conteúdos disciplinares, se bem articulados na proposta pedagógica, se encarregam de promover a integração entre as disciplinas.

Vamos discutir neste texto como esses possíveis desenhos de interdisciplinaridade que mencionamos até agora se tornam ainda incompletos para descrever alguns processos que ocorrem na sala de aula, quando da implementação de propostas que buscam a interdisciplinaridade. Também vamos mostrar que eles não nos fornecem evidências que sustentem o que consideramos como um de seus pressupostos: que as próprias disciplinas ou propostas pedagógicas já trazem em si mesmas as ditas concepções e significados com o potencial de resultar em uma aprendizagem mais global, culminando na integração disciplinar. Para fazer essa discussão, vamos lançar mão de uma concepção de interdisciplinaridade que não se limita a uma simples reunião de disciplinas escolares ou a simples conexões entre subáreas da Matemática ou entre áreas correlatas.

Nossa concepção se aproxima mais da ideia de interdisciplinaridade como uma possibilidade de, a partir da investigação de um objeto, conteúdo, tema de estudo ou projeto, promover atividades escolares que mobilizem aprendizagens vistas como relacionadas, entre as práticas sociais das quais alunos e professores estão participando, incluindo as práticas disciplinares. A interdisciplinaridade se configura, portanto, pela participação dos alunos e dos professores nas práticas escolares no momento em que elas são desenvolvidas, e não pelo que foi proposto *a priori*. Dentro dessa concepção, pressupõe-se uma busca por novas informações e combinações que ampliam e transformam os conhecimentos anteriores de cada disciplina. Assim, criam-se novos conhecimentos que se agregam a cada uma das disciplinas ou se situam na zona de interseção entre elas, partindo das interações dos sujeitos no ambiente e de elementos de uma prática comunicativa que eles desenvolvem entre as disciplinas, mas não são necessariamente conhecimentos inerentes às próprias disciplinas que se desenvolvem autonomamente, à revelia dos sujeitos. A interdisciplinaridade assim é analisada na **ação** dos sujeitos quando participam, individualmente ou coletivamente, em sistemas interativos.

Capítulo II

Prática e aprendizagem: diferentes perspectivas

No que diz respeito à questão da aprendizagem, são inúmeras as perspectivas que podem ser adotadas. Falcão (2003, p. 21) lembra que: "As questões referentes à aprendizagem têm-se constituído como tópico de interesse histórico da psicologia desde o surgimento formal desta disciplina, no século XIX". Em seu livro, ele faz uma retomada das principais perspectivas sobre a questão da aprendizagem que surgiram desde essa época. Existem, por exemplo, aquelas perspectivas, como as associacionistas-behavioristas, que consideram que o processo de aprendizagem é um processo de reforço de comportamentos ou de acumulação de condicionamentos provocados de forma externa ao sujeito e que o conhecimento resultante desse processo passa a ser uma característica pessoal que pode ser desenvolvida e usada em diferentes situações. Existem também perspectivas estruturalistas resultantes da crítica ao associacionismo, como a perspectiva da *gestalt* ou a do construtivismo piagetiano, que defende que a aprendizagem é uma auto-organização de processos baseada na assimilação, na acomodação dentro dos próprios esquemas cognitivos dos sujeitos como parte de suas próprias ações e construções. Existem igualmente outras perspectivas que ressaltam principalmente a dimensão social da aprendizagem: para algumas, fundamentadas no trabalho de Vygotsky, aprender é atribuir novos significados;

outras adotam a visão da aprendizagem situada, isto é, consideram que o que se aprende está intrinsecamente relacionado e não pode ser desvinculado da situação em que ocorreu a aprendizagem, e que "o conhecimento é não um atributo individual, mas algo que está distribuído entre as pessoas, atividades e sistemas do seu ambiente (LAVE, 1988; GREENO; MMAP, 1988; BOALER, 2000; COBB, 2000)" (BOALER, 2002, p. 42).

O termo *aprendizagem situada*[10] é oriundo dos trabalhos de Lave (1988) e de Lave e Wenger (1991) e, neste livro, será tomado naquele sentido mais amplo indicado acima (BOALER, 2002), incluindo por sua vez diversas perspectivas, como as que associam aprendizagem:

- à mudança de participação do indivíduo em uma comunidade de prática (LAVE; WENGER, 1991);
- à participação das pessoas em atividades, em que realizam suas ações num contexto histórico, social e político (LEONT'EV, 1978, 1981);
- à produção e reprodução de identidades, que vão sendo constituídas pela participação em práticas nas quais os sujeitos se envolvem (BOALER, 2002; CHRONAKI; CHRISTIANSEN, 2005);
- à melhoria de participação em sistemas interativos, pela ampliação de sintonias para restrições e possibilidades percebidas nas interações das pessoas com o ambiente no qual se desenvolve uma atividade (GREENO *et al.*, 1993);
- ao progresso ao longo de trajetórias de participação e crescimento de identidade (LAVE; WENGER, 1991; ROGOFF *et al.*, 2001);
- à capacidade de transferir conhecimentos de uma situação de aprendizagem inicial para outra (CORMIER; HAGMAN, 1987).

Falcão (2003) observa que, embora as diferentes perspectivas sobre a questão da aprendizagem tenham se sucedido

---

[10] Em inglês, *situated learning*.

historicamente umas às outras, cada uma alcançando maior força em momentos distintos, de acordo com as críticas que dirigia às suas precursoras, não devemos, no entanto, relegar nenhuma delas "a um limbo de esquecimento completo, a uma espécie de 'lixeira' de teorias obsoletas" (p. 22), porque todas elas continuam tendo algum poder explicativo para determinadas situações.

Sem desconsiderar a importância de outras perspectivas, em nossa discussão sobre o que se aprende nas atividades escolares interdisciplinares que vamos analisar nos capítulos III e IV, vamos partir do pressuposto de que a aprendizagem é uma atividade social e cultural embasada em componentes antropológicos e sociológicos inerentes às práticas escolares de que os sujeitos estão participando. Isto é, vamos adotar uma perspectiva sobre aprendizagem que vai além das perspectivas cognitivistas e algumas versões do construtivismo social, que focam principalmente as características do indivíduo. Ela está mais coerente com a perspectiva da aprendizagem situada de Lave (1988), que descreve aprendizagem como participação de uma prática, fundamentando-se em teorias sócio históricas que focam a atenção nas atividades sociais das quais o indivíduo participa. Se a pessoa se engaja numa prática com outros membros de um grupo, ela estabelece relacionamentos e partilha objetivos comuns com os outros membros do grupo do qual está participando.

Lave (1988) pressupõe que os processos de compreensão e aprendizagem são sociais, históricos e culturalmente constituídos pelas formas como as pessoas participam das práticas sociais. Em 1993, Lave chega a uma conceituação de *prática social*, como uma estrutura complexa de processos inter-relacionados de produção e transformação de comunidades[11] e dos participantes (LAVE, 1993, p. 64). Pensar a prática como uma atividade em transformação é uma forma de ver a prática enquanto ação. Essa conceituação de prática social corresponde a um momento mais atual das ideias de Lave, posterior ao seu trabalho conjunto com

---

[11] Comunidades, no sentido de Lave, é um grupo de pessoas, que se unem por propósitos e circunstâncias comuns, partilham significados e valores e criam coletivamente novas formas de vida.

Wenger (LAVE; WENGER, 1991), em que, segundo Kanes e Lerman (2008), ela propõe uma nova "epistemologia da prática" e uma nova concepção de aprendizagem, que se adapta melhor a estudos que seguem uma linha etnográfica. Nessa linha, a discussão da aprendizagem envolve os processos sociais nos quais ela toma lugar e tem foco na descrição dessa aprendizagem como forma de se chegar a uma conceituação do que pode ser considerada como tal. Trata-se mais de produzir uma narrativa de eventos e processos de aprendizagem do que de uma teoria sobre aprendizagem.

Outro aspecto importante da perspectiva situada é que ensino e aprendizagem são duas coisas distintas e podem estar ou não inter-relacionadas numa situação escolar. Lave (1996b) advoga que a aprendizagem é mudança de participação em práticas sociais e, por isso, pode ocorrer sem que uma atividade intencional de ensino a preceda.

Assim, dentro dessa perspectiva, vamos caracterizar as práticas sociais na sala de aula desenvolvidas na abordagem de conteúdos matemáticos em torno de um tema, articulando conteúdos de outras disciplinas analisadas em episódios de sala de aula, na perspectiva da etnografia, como lógica de investigação. Esse suporte metodológico abre caminho para estabelecermos relação entre a ação humana e o sistema social e cultural no nível das atividades cotidianas da sala de aula, buscando descrever a aprendizagem nas atividades interdisciplinares.

Ao adotarmos a perspectiva da aprendizagem situada de Lave, estamos conscientes da necessidade de, mais adiante, esclarecer um conceito que vai ser fundamental para nossa análise, mas que é problemático dentro da perspectiva de Lave, que é o conceito de transferência de aprendizagem. Como afirmam Kanes e Lerman (2008, p. 304), a noção de transferência, quando definida como o movimento de um conhecimento abstrato e descontextualizado que pode ser aplicado em um amplo conjunto de situações, não se encaixa bem na perspectiva da aprendizagem situada.

Por outro lado, no contexto das práticas escolares, se partirmos de uma concepção "radicalizada" do pressuposto de que toda aprendizagem é situada, somos naturalmente levados a pensar que nenhuma aprendizagem, nem mesmo a aprendizagem matemática, pode ser separada do seu contexto de origem, ou mesmo do seu contexto de desenvolvimento, pois ela é a própria participação em práticas sociais e, quando muda o contexto, a prática social também muda.

Como não comungamos com a ideia de que transferir aprendizagem é "transportar" um conhecimento, abstrato e descontextualizado, para aplicá-lo em uma situação contextualizada, e como acreditamos que podem ser feitas ligações/relações entre os conhecimentos adquiridos e aqueles necessários em novos contextos, vamos partir para uma ressignificação da noção de transferência de aprendizagem que conjugue a nossa concepção de interdisciplinaridade com a perspectiva da aprendizagem situada, como veremos a seguir.

Na discussão sobre o modo como a interdisciplinaridade em sala de aula se efetiva na perspectiva da *tematização*, estamos, portanto, adotando os pressupostos da aprendizagem situada, como explicado acima, e ao mesmo tempo que vamos recolocar alguns conceitos relacionados a ela, como os conceitos de prática e transferência e a própria concepção de aprendizagem situada. Essas formas de interdisciplinaridade que vamos relatar foram identificadas no decorrer de uma atividade desenvolvida em torno do tema Água. A atividade se configura pelas ações dos professores e alunos direcionadas para a mobilização de conteúdos matemáticos para discussão do tema Água, bem como pelas possibilidades de fazer inter-relações entre aprendizagens de várias disciplinas, percebidas no ambiente em que essas ações são realizadas. Num ambiente de investigação, a Matemática não está isolada de outras áreas de estudo e, para analisar a aprendizagem nesse ambiente, faz-se necessário também analisar os alunos e professores em ação e os ambientes em que essas práticas se desenvolvem. Para fazer a discussão das aprendizagens dos alunos levando esses componentes em consideração, vamos acionar uma *Abordagem Ecológica* da sala de aula.

A *Abordagem ecológica da percepção*[12] (GIBSON, 1971a) para a sala de aula incorpora a metáfora ecológica para compreender a

---

[12] A Abordagem Ecológica da Percepção, sistematizada por Gibson (1979), argumenta que:
(a) a informação ambiental possui intrinsecamente um elevado nível de estruturação;
(b) os organismos têm capacidade de detectar as principais invariantes representacionais em funções das suas próprias características biológicas; (c) existe uma compatibilidade (por vezes

aprendizagem e o conhecimento em Educação Matemática. Quando aplicada na sala de aula, a metáfora da ecologia foca na sua totalidade, e não apenas nos alunos e professores tomados dentro dela, a não ser que seja necessário evidenciar as contribuições desses sujeitos na atividade. Como nosso interesse é descrever as atividades em sala de aula a partir da análise dos *sujeitos-em-ação*, os fatores sociais que envolvem as atividades em sala de aula funcionam como pano de fundo na discussão que vamos fazer.

A teoria geral da percepção, desenvolvida por Gibson (1954) considera a percepção como um aspecto da interação das pessoas ou dos animais com o ambiente. Na visão de Gibson, percepção é entendida como um sistema que capta a informação para coordenar as ações das pessoas nos ambientes. O comportamento da pessoa não é uma mera categoria nos processos de percepção, memória, movimento, argumentação, tomada de decisão e outros, mas a relação interativa do comportamento das pessoas com os sistemas em seus ambientes. A percepção é um processo de reconhecimento, e não é um processo externo à pessoa, puramente físico, muito menos um processo interno mental. Para explicar melhor essa ideia de percepção, Gibson e Gibson (1956) introduziram o conceito de *possibilidades*: as características dos objetos e do ambiente que dão sustentação à atividade interativa do sujeito com o ambiente. Isto é, são as características do ambiente da forma como a pessoa as percebe. Segundo esses autores, o ambiente interfere na percepção da pessoa, que, por sua vez, percebe diferentes possibilidades nele. Além disso, o mesmo ambiente apresentará diferentes possibilidades para pessoas diferentes. Ou seja, "a percepção de possibilidades do ambiente é um dispositivo da prática e não um dispositivo teórico" (GIBSON, 1971b). A percepção e a ação humana estão centradas na informação que está disponível no ambiente.

A Psicologia Ecológica considera que a aprendizagem é o resultado de percepções recíprocas de possibilidades do ambiente e ações

---

referida como reciprocidade) entre as capacidades de resposta dos organismos e suas inerências perceptivas; (d) não existe necessidade de invocar um conjunto de operações centrais para estruturar a informação em informação coerente e útil; (e) a percepção ocorre de forma direta, constituindo com a ação correspondente um ciclo indestrinçável (BARREIROS, 2004).

no ambiente. A aprendizagem nessa perspectiva é vista como prática intencional, consciente, ativa, construtiva e socialmente mediada em atividades que se realizam integrando intenção-ação-percepção. Não defendemos que toda aprendizagem é necessariamente resultado de uma ação do sujeito. Como afirmam Alrø e Skovsmose (2006) outras formas de aprendizagem podem ser descritas como assimilação ou enculturação, mas neste texto vamos caracterizar as formas de aprendizagem que podem ser avaliadas na ação do sujeito.

Partindo dos trabalhos de Gibson, Greeno (1994) desenvolve uma linguagem que nos ajuda a compreender como os sistemas funcionam e quais os princípios que coordenam o funcionamento desses sistemas. Essa linguagem foi adotada por Greeno para analisar os processos cognitivos como relações entre pessoas e outros sistemas. Na base dessa linguagem estão os termos *possibilidades e habilidades*,[13] anteriormente utilizados pela Psicologia Ecológica, que permitiram a Greeno fazer uma ligação entre os aspectos da cognição e do comportamento humano, do seguinte modo: as habilidades necessárias para uma pessoa participar de uma atividade dependem de *sintonias para restrições e possibilidades*[14] a ser percebidas pela pessoa como condições do ambiente.

O termo *possibilidades*, como já dissemos, se refere a tudo aquilo que, no ambiente, contribui para o tipo de interação que lá ocorre. De forma análoga, *habilidades* é o que se refere à pessoa e que também contribui para o tipo de interação que ocorre no ambiente. *Possibilidades e habilidades* são conceitos inerentemente inter-relacionados. Um não é identificável na ausência do outro, pois, em qualquer interação que envolve uma pessoa, incluem-se, como condições que tornam possível essa interação, as habilidades dessas pessoas, bem como algumas propriedades do ambiente em que ela está inserida.

---

[13] Greeno (1994) usa o termo *ability* para se referir às características das pessoas que as possibilitam envolver-se na atividade, embora Shaw *et al.* (1982) preferiram inventar o termo *affectivity* para representar o processo em que a pessoa contribui para um tipo de interação que está ocorrendo. Greeno ressalta, entretanto que o termo *ability*, como é usado, é sinônimo do uso que Shaw *et al.* (1982) faz do termo *aptitude*.

[14] *Attunements to constraints and affordances*.

Dessa forma, as *possibilidades* podem ser entendidas como qualidades de sistemas que sustentam interações, isto é, possibilitam interações que permitem ao indivíduo participar nesses sistemas. *Possibilidades* são pré-condições para a atividade. Se não se percebem *possibilidades*, não há atividade porque não se criam condições para perceber as *restrições* no ambiente. A percepção de possibilidades no ambiente está relacionada com a percepção de restrições e funciona mais ou menos assim: dentro de um sistema há normas, efeitos e relações que restringem as possibilidades que nele se apresentam. Essas *restrições* são representadas formalmente como relações do tipo "*se... então*" entre tipos de situações. Elas incluem regularidades das práticas sociais e das interações com materiais e sistemas de informação que tornam a pessoa capaz de antecipar resultados e participar de mudanças na interação. Essa participação ocorre quando a pessoa desenvolve sintonias para essas restrições no ambiente. *Sintonias* envolvem padrões bem coordenados de participação em práticas sociais, incluindo práticas de comunicação e outras formas de interação na comunidade. Inclui também padrões de ações que envolvem o uso de artefatos para produzir recursos para as práticas. Restrições e possibilidades geram uma "ecologia de participação." Por exemplo, quando em uma atividade de resolução de problemas a professora questiona o aluno sobre um resultado encontrado por ele, fazendo uma suposição: "e se o número fosse inteiro, o que podemos dizer desse intervalo de números?", ela cria restrições no ambiente que redirecionam as ações do aluno dentro da situação matemática colocada. As restrições nesse ambiente fazem com que nem todas as possíveis formas de interagir possam ser adotadas. Estar sintonizado para essas restrições pode facilitar a aprendizagem, principalmente nas situações em que se desenvolvem atividades com características interdisciplinares.

Assim, na perspectiva ecológica apresentada por Greeno, a aprendizagem é obtida pela participação da pessoa em atividades situadas. Como decorrência dessa participação, podemos afirmar que, para Greeno, a aprendizagem está relacionada à habilidade das pessoas para interagir com coisas e outras pessoas de várias formas nas situações. Aprender é estar *sintonizado para restrições e possibilidades* nas atividades e aprendizagem é uma ampliação de *sintonias para restrições e possibilidades*, percebidas nas interações das pessoas com o ambiente no qual se desenvolve uma atividade.

Um exemplo usado por Greeno *et al.* (1993) para esclarecer o conceito de *sintonias para possibilidades e restrições* é o da pessoa que caminha por um corredor e precisa passar dentro de um cômodo de uma casa. Para andar nesse cômodo, essa pessoa precisa estar dentro dele, configurando-se aí uma restrição do ambiente à ação da pessoa. Para realizar essa ação, a pessoa tem que atravessar o portal que separa o corredor desse cômodo. Além disso, há outras restrições relacionadas ao ambiente: o portal deve ser largo o suficiente para possibilitar a passagem da pessoa por ele, assim como o chão do cômodo tem que ser forte o suficiente para suportar o peso da pessoa. Para realizar essas ações, a pessoa precisa apresentar habilidade para caminhar ao longo do cômodo, visualizar o portal que separa o corredor do cômodo e ter a habilidade motora de se locomover na direção do portal para atravessá-lo. Para fazer a trajetória entre o corredor e o cômodo, a pessoa precisa perceber possibilidades relacionadas ao movimento que as outras pessoas estão fazendo no mesmo espaço; à rapidez com que ela pode fazer o percurso; à trajetória a ser feita para não colidir nem com o portal nem com outras pessoas; ao espaço a ser percorrido e outras. Então, se a pessoa não está sintonizada para as possibilidades e as restrições para caminhar ao longo daquele cômodo, nem interage no sistema, mesmo que seja uma ação que ela já tenha realizado em outro lugar, ela terá dificuldade de fazê-lo nessa situação.

A perspectiva ecológica adotada por Greeno tem-se mostrado interessante para descrever e analisar as práticas que ocorrem em salas de aula de Matemática e para discutir as diferentes aprendizagens que delas decorrem (WATSON, 2003; DAVID; LOPES, 2006; DAVID; WATSON, 2008). Watson (2003), por exemplo, analisa duas possibilidades de encaminhamento diferentes para uma tarefa escolar e discute como o que o aluno vê, se sente autorizado a ver ou é capaz de articular perante a tarefa, isto é, o modo como ele responde depende dos padrões regulares de envolvimento com as práticas matemáticas em sala de aula, bem como das possibilidades e das restrições da situação. Usando a linguagem de Greeno, ela mostra como a mesma sequência de símbolos escritos no quadro pelo professor:

$$3 \quad x \quad 5$$

pode resultar em práticas e aprendizagens distintas para os alunos, dependendo da forma como essa sequência é apresentada e trabalhada com eles. Uma das professoras escreveu esses símbolos logo abaixo do título "Pirâmides", o que indica que ela tem uma determinada tarefa em mente. Nessa classe, diante desse tipo de situação, o que se espera é que os alunos aguardem o que a professora vai fazer a seguir, isto é, esperem por mais informação. A professora escreve em uma nova linha:

$$3 + x \qquad x + 5$$

Isso restringe claramente o que deve acontecer a seguir. A próxima linha será

$$2x + 8.$$

Na sequência da aula são apresentados vários exemplos do mesmo tipo, alguns propostos pela professora, outros solicitados aos alunos. As possibilidades oferecidas pela primeira sequência de símbolos são inúmeras, mas elas são rapidamente limitadas pela linha seguinte, que dá mais informação sobre o que deve ser feito. Os alunos demonstram sintonia com as restrições e as possibilidades da situação, frente às duas possibilidades, de esperar pela segunda linha ou de tentar antecipá-la seguindo uma lógica própria, que depois poderá ser modificada. Entretanto, em determinado momento surge uma discussão, iniciada pelos alunos, sobre quantas seriam as sequências iniciais que poderiam resultar na mesma expressão particular: $5x + 11$.

A professora impõe restrições para que o tempo da aula seja mais bem aproveitado para se chegar em exemplos mais complexos que possibilitam trabalhar com a estrutura dessa pirâmide de maneiras diferentes. Enquanto nos primeiros exemplos se partia da base da pirâmide para o vértice, à medida que os alunos começam a criar seus próprios exemplos que apresentam variações significativas em relação aos exemplos iniciais da professora, eles propõem, por exemplo, começar a pirâmide do vértice para a base partindo de uma expressão do tipo $5x + 11$. Ao final da aula a professora dá outros exemplos para os alunos praticarem em casa.

Outra professora escreve a mesma sequência de símbolos no quadro, sem nenhum título:

$$3 \ x \ 5$$

E depois pergunta: "o que pode ser o x?" indicando, assim, que os alunos devem procurar dar um sentido ao que está escrito e não devem ficar esperando por mais informações. O que está escrito permite uma variedade de respostas, mas naturalmente as ideias de sequência e ordem apresentam-se como possibilidades nessa situação. O fato de o x parecer estar fisicamente no meio do caminho entre o 3 e o 5 sugere que existe informação suficiente para encontrarmos um valor para o x. A pergunta restringe os alunos a pensar num valor para o x. Depois ela escreve a sequência com um espaçamento diferente entre os símbolos:

$$3 \quad x \quad\quad 5$$

E pergunta novamente: "E agora? O que poderia ser o x?" Essa nova pergunta restringe o que os alunos podem pensar. Eles estão sendo direcionados a pensar que a posição de x pode ser importante e a verificar se a sua ideia inicial depende da posição de x. Um aluno que estava pensando em termos de "estar entre" pode se sentir confortável, mas outro que estava pensando em termos de "média" pode ficar confuso. Watson observa que "A ação de introduzir um novo exemplo é uma restrição de possibilidades, e restrições não são inerentemente negativas. Muitos conceitos da Matemática se apoiam na ideia de restrições do grau liberdade: uma reta pode ser vista como uma restrição das relações entre duas variáveis; os números reais envolvem uma restrição do plano complexo" (WATSON, 2003, p. 106). Watson conclui que, embora as práticas nessas duas salas de aula sejam muito semelhantes em termos da participação, envolvimento e de outras características sociais observáveis, as práticas matemáticas consequentemente as aprendizagens, são bastante diferentes.

David e Watson (2008) utilizam também a linguagem de Greeno para iluminar as diferenças entre três práticas em salas de aula de Matemática, aparentemente muito semelhantes, mas nessa análise mais refinada mostram oferecer para os alunos possibilidades e restrições de participação que as autoras consideram significativamente diferentes. Nas situações, as três professoras interagem com a classe como um todo, mas a forma de participação dos alunos varia conforme o caso. Apesar de as três serem bastante diretivas, organizando as atividades em sala de acordo com a sua própria linha de pensamento, quando se olha de perto para a participação dos alunos, podem-se perceber algumas diferenças sutis no que diz respeito ao quanto cada uma das professoras permite que os alunos participem ativamente da constituição da aula. Segundo David e Watson (2008), mesmo bastante sutis, essas diferenças podem trazer modificações em termos do quanto e do como os alunos se veem como participantes dessas aulas.

A análise permitiu perceber que uma das professoras, Susan, por vezes dá uma qualidade de atenção diferente para as contribuições dos alunos, mudando a sua linha de pensamento matemático, possibilitando que eles direcionem a atividade em sala para algo que não estava previsto por ela naquele momento. O exemplo apresentado é de uma aula que a professora intitulou de "Equações". Ela apresentava uma figura de um retângulo dividido em duas partes, sendo dada a medida da base e da altura total do retângulo, bem como de uma das duas partes:

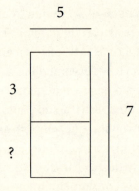

Figura 1

Os alunos, direcionados pela professora, deveriam achar a medida faltosa por um procedimento, aparentemente sem sentido para um observador que estava sendo introduzido ao trabalho dessa professora naquele momento: deveriam calcular primeiro a área do retângulo superior, depois a área total, para então encontrar a área do retângulo inferior, subtraindo as duas anteriores, e só então achar a altura faltosa, por meio de uma divisão. Porém, eles poderiam achar o número faltoso simplesmente subtraindo as alturas dadas, sem pensar em áreas, mas aparentemente a atividade tinha outros objetivos, como relacionar as representações figurativas e algébricas de áreas de retângulos. Seguiram-se vários exercícios do mesmo tipo, dados pela professora, até que ela pede para os alunos criarem seus próprios exemplos. Percebe-se que os alunos vão modificando a situação inicial, possivelmente para que passe a fazer mais sentido para eles. Passam a dar a área total da figura, a altura e a largura do retângulo superior para achar a altura faltosa do retângulo inferior.

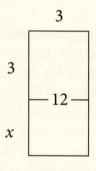

Figura 2

Agora eles vão precisar usar a fórmula da área total para encontrar a altura total da figura e depois o valor da altura faltosa, o que pode dar mais sentido à manipulação algébrica. As restrições e as possibilidades matemáticas do problema foram modificadas pelos exemplos dos alunos.

Mais tarde, um aluno, querendo aparentemente minimizar o número de dados, apresenta o seguinte exemplo, dando apenas o valor da área total:

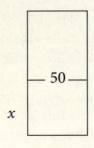

Figura 3

A professora explica para ele que estão faltando dados, e ele vai completando esses dados, com a ajuda da professora, até poder achar o valor de x. Depois desse exemplo, a professora constrói mais um, inspirado nele, com a área total, mas sem a altura total, tornando o problema mais difícil para os alunos, mudando o foco para as "áreas", envolvendo as duas dimensões e não apenas uma. Essa sequência de situações mostra a abertura e a capacidade dessa professora para modificar as possibilidades e as restrições do seu trabalho pela influência de algumas intervenções inesperadas de seus alunos, quando as percebe como relevantes. Não quer dizer que ela não tivesse planejado chegar a esses casos de qualquer forma, em algum momento, mas pelo menos parece ter antecipado esse momento por influência da sintonia dos alunos para situações matematicamente mais elaboradas do que as que lhes apresentou inicialmente.

Na discussão das atividades que são descritas nos próximos capítulos, vamos também adotar a perspectiva ecológica de Greeno, para nos ajudar a explicar as aprendizagens que ocorrem nessas situações. Essas atividades apresentam características diferentes das citadas porque envolvem práticas interdisciplinares que relacionam várias disciplinas escolares e nos colocaram a necessidade de ressignificar a noção de *transferência de aprendizagem*, como mencionamos anteriormente.

Essa noção tem estado presente permanentemente nas discussões sobre aprendizagem. Segundo algumas definições de transferência, transferir conhecimento é uma importante habilidade humana de fazer uso, no presente, de algumas experiências passadas, em que foram abstraídas representações cognitivas simbólicas (DETTERMAN, 1993).

Quando se pensa desse modo, é comum supor-se que, se uma pessoa não consegue realizar transferência de aprendizagem, isto é, se uma pessoa tem dificuldade de aplicar o conhecimento em outras situações, na verdade, ela não adquiriu esse conhecimento de forma eficaz. Nesse caso, desenvolver a habilidade de transferir aprendizagem passa a ser o principal objetivo do ensino. Faz-se, portanto, uma estreita relação entre transferência e aprendizagem. Por outro lado, quando se toma a aprendizagem como participação em práticas situadas, como fazemos neste texto, a discussão sobre a possibilidade de transferência e sobre a relação entre aprendizagem e transferência torna-se bastante polêmica, como já foi mencionado.

Autores como Lave (1996b) e Greeno *et al.* (1993), que consideram que a aprendizagem é situada, afirmam que o processo de transferência é influenciado não só pelas habilidades cognitivas da pessoa, sejam tácitas, sejam explícitas, como também pelos aspectos culturais, pela interação das pessoas tomadas historicamente no ambiente. Portanto, a partir das ideias de Lave e Greeno sobre aprendizagem, a transferência não resultaria de uma descontextualização de habilidades matemáticas, como as aprendidas na escola, mas passaria por uma recontextualização dessas habilidades perante uma atividade matemática específica considerada em termos socioculturais.

Para elaborar a nossa concepção de transferência apoiamo-nos em Boaler e Greeno, que afirmam:

> Em qualquer estágio de aprendizagem matemática, os aprendizes têm alguns conceitos e métodos que eles já sabem e compreendem. A sua nova aprendizagem amplia o que eles já sabem. Então, nós podemos pensar um episódio de aprendizagem, como aquele que faz uma vinculação e uma tradução, e possivelmente uma ampliação de forma que algum novo tópico seja incluído e integrado com alguns de seus conhecimentos matemáticos anteriores. (BOALER; GREENO. 2000, p. 195)

Apoiamo-nos também em trabalhos da própria Lave, datados de 1996 (LAVE, 1996b, p. 80), em que ela afirma que "na prática, estrutura e experiência juntas, uma gera a outra", e deixa claro que um conhecimento está sempre integrado a outro.

Partindo dessas ideias e da análise das atividades desenvolvidas pelos alunos, a ser descritas nos próximos capítulos, elaboramos uma noção de *transferência de aprendizagem* que nos parece mais adequada para descrever a aprendizagem dos alunos nessas atividades, pois a aprendizagem dentro de nossa concepção de interdisciplinaridade é uma ampliação da participação em práticas sociais, e a transferência é uma das práticas que são partilhadas por alunos e professores em sala de aula. É a presença desse tipo de prática (de transferência), no conjunto das práticas que se estruturam numa atividade, que garante aquilo que estamos considerando como um *novo* conhecimento interdisciplinar. Numa atividade interdisciplinar, o aluno realiza *transferência de aprendizagem* de uma situação para outra. Essa transferência de aprendizagem é a própria propulsora da aprendizagem situada, pois não se espera que algum conhecimento se preserve intacto de uma situação para outra nem que se crie sempre um conhecimento totalmente novo a cada situação.

Consideramos que a transferência, quando analisada na perspectiva da aprendizagem situada, é uma prática social e histórica, em constante transformação que pode ocorrer por um processo de recontextualização das *possibilidades* e *restrições* de uma atividade em um ambiente. Para se fazer transferência de aprendizagem em uma atividade interdisciplinar, faz-se necessário estabelecer *sintonias para possibilidades e restrições*, percebidas como invariantes no interior e/ou nas fronteiras de algumas situações[15] ou atividades que são percebidas como relevantes para participar dessa atividade.

Usando a perspectiva da aprendizagem situada e a linguagem de Greeno, no Capítulo III, vamos apresentar algumas práticas escolares

---

[15] Usamos a noção de situação como algo que define as relações dentro das atividades, no ambiente. Para exemplificar essa ideia, Greeno *et al.* (1993) apresentam o seguinte exemplo: se há uma cadeira e uma pessoa sentada nela, uma relação que pode ser explicitada é "a cadeira suporta a pessoa". Essa relação pode ser estabelecida se a pessoa está sentada, levantando-se, descansando na cadeira ou sob qualquer outra forma de sustentação da pessoa pela cadeira. Se a pessoa não está sendo suportada pela cadeira, a relação não se estabelece. Então, se x representa uma cadeira e y uma pessoa, a relação x suporta y é um tipo de situação Sxy, e os tipos de situação são identificados pelas restrições do ambiente. Portanto, para compreender o tipo de situação, a pessoa tem que estar sintonizada para restrições.

desenvolvidas na discussão do tema Água e descrever a transferência de aprendizagem e as aprendizagens que ocorrem nessas práticas.

Em alguns momentos, para não sobrecarregar demais o nosso texto, vamos traduzir a noção de aprendizagem que estamos adotando – uma ampliação de *sintonias para restrições e possibilidades* percebidas nas interações das pessoas com o ambiente no qual se desenvolve uma atividade – por uma expressão mais simples, que passa a ter aqui o mesmo significado da anterior: ampliação de significados. No que se segue, vamos considerar também que, toda vez que ocorre ou uma ampliação de sintonias para restrições e possibilidades percebidas no ambiente, ou uma ampliação de significados, pode-se dizer que foi construído um conhecimento novo, mesmo que evidentemente ele não seja totalmente novo.

Capítulo III

O tema Água gera uma atividade escolar interdisciplinar

As situações que vão ser discutidas tanto no Capítulo III quanto no capítulo 4 foram apresentadas inicialmente na pesquisa de Tomaz (2007)[16] e estão sendo retomadas neste livro visando aprofundar a descrição da aprendizagem dos alunos.

Neste capítulo vamos caracterizar a interdisciplinaridade da maneira como ocorre em sala de aula, por meio da participação dos alunos e professores nas práticas escolares desenvolvidas ao estudarem o tema Água. O estudo do tema Água foi proposto pelas professoras de Matemática, Português e Geografia de uma escola pública de Minas Gerais, localizada na região central de uma cidade da região metropolitana de Belo Horizonte. A discussão, que resultou na escolha do tema e nas formas de desenvolvê-lo em sala de aula, contou inicialmente com a participação de uma das autoras deste livro, que atuava na época como pesquisadora. O objetivo era promover uma aprendizagem interdisciplinar que levasse os alunos de 7ª e 8ª séries do Ensino Fundamental a ampliar os significados dos conteúdos estudados nas disciplinas escolares, principalmente no que diz respeito ao uso do conhecimento escolar em situações fora da escola. Estiveram envolvidas diretamente

---

[16] Tese de doutorado em Educação defendida na Faculdade de Educação da Universidade Federal de Minas Gerais em junho de 2007.

no desenvolvimento das situações que serão descritas neste livro quatro professoras e duas turmas de alunos 7ª série do Ensino Fundamental de 13 e 14 anos.

Os alunos tinham um bom entrosamento em sala de aula e entre as turmas, pois a maioria já convivia na mesma turma desde as séries iniciais e muitos possuíam grau de parentesco entre si e/ou com as professoras. Eles se envolviam muito com as atividades em sala de aula, questionando as informações que recebiam e procuravam ir sempre além das explicações das professoras. Alguns alunos assumiam a liderança em suas turmas, às vezes monopolizando a atenção nas discussões com as professoras. Em resumo, as práticas nas duas turmas eram marcadas por uma boa participação e grande interação verbal entre os alunos e as professoras.

A proposta pedagógica da escola estava sendo discutida nos dois últimos anos que antecederam a realização do estudo do tema Água (2004), com grande preocupação por parte dos professores em promover a interdisciplinaridade nas práticas disciplinares. Essa preocupação era concretizada, em determinados momentos, no trabalho coletivo entre os professores realizando atividades como feiras culturais, excursões e trabalhos comuns a duas ou mais disciplinas. Num desses momentos, as professoras manifestaram interesse em trabalhar temas que favorecessem a integração de disciplinas, culminando na escolha do tema Água.

O estudo do tema Água não foi escolha dos alunos. Os professores definiram esse tema com o objetivo de criar situações reais em que os conteúdos escolares pudessem ser aplicados. Vejamos os relatos das próprias professoras:

Entrevista coletiva com as professoras. Trecho de resposta da professora de Português, dia 29/06/04, gravada em cassete

1.[17]V: qual era o objetivo que vocês tinham... o que vocês queriam na hora que estavam propondo as atividades com a água com os alunos?

---

[17] As técnicas de transcrições têm como referência: KOCK, I. V. *A interação pela linguagem.* São Paulo: Contexto, 1997. Os nomes citados nas transcrições são fictícios. A letra "V" é

2.(...)

3.Rosângela: eu queria mesmo que através da leitura ele tivesse um caminho para busca e conseguisse perceber que este texto dialoga com outros (...)

Entrevista com Telma, professora de Matemática, dia 30/03/04, gravada em cassete.

4.V: o que você queria com esse trabalho da conta de água? ((atividade dentro do tema Água))

5.Telma: primeiro eu queria averiguar a regra de três...se eles conseguiam aplicar a regra de três na vida deles... segunda coisa... eu queria fazer aquele parâmetro final... é atitudes nas casas onde a média era baixa e na outra onde a média era alta... o que estava acontecendo... numa residência que estava gastando muita água será... que além dessa visão Matemática que ficou lá na regra de três... e eles também poderem observar a próxima conta e observar se eles estão aumentando o consumo ou não... eles também tomarem atitude com relação ao que não é propriamente a Matemática... como eles poderiam aplicar isso na vida deles para melhorar o padrão de vida... também diminuir o consumo de água quando a água está sendo alarmante em todos os textos que a gente tem lido aí...

No decorrer do trabalho em sala, cada professora foi ampliando os objetivos da abordagem do tema propondo tarefas cada vez mais complexas, que exigiam outros conhecimentos, além dos da sua disciplina. Como veremos mais à frente, as propostas das professoras de Matemática e de Português estavam mais voltadas para ações de conscientização e de aplicação dos conteúdos disciplinares. Já a professora de Geografia solicitou que os alunos elaborassem propostas para resolver o problema da escassez de água no mundo. Cada professora seguiu uma direção diferente na discussão do tema.

A escolha do tema Água pelas professoras se justificava porque era uma discussão presente na sociedade em decorrência da Campanha da Fraternidade promovida anualmente pela CNBB.[18] Ao discutir

---

a indicação de fala da pesquisadora que acompanhava a aula.

[18] A Campanha da Fraternidade é uma mobilização da sociedade brasileira para discussão de um

dentro da escola um tema que estava em pauta fora dela, as professoras vislumbraram a possibilidade de abordar os conteúdos disciplinares que já estavam previstos nos planejamentos das respectivas disciplinas e promover a interdisciplinaridade. Mesmo não tendo participado de sua escolha, os alunos, na prática, redirecionaram as formas de abordagem do tema em sala de aula. À medida que foram se envolvendo na proposta das professoras, os alunos assumiram a direção dos trabalhos gerando claramente metas diferentes das que foram definidas inicialmente por elas.

Como veremos, a participação dos alunos não se deu num movimento crescente e ordenado, direcionado para um aprofundamento de conceitos e integração de conhecimento escolar e não escolar que levasse a transcender os campos disciplinares, a ponto de criar um novo campo de conhecimento, como pressupõem algumas concepções de interdisciplinaridade, como a de Pombo (1994). Embora nossa expectativa não chegasse a esse ponto, tendo em vista a proposta de trabalho de várias disciplinas em torno de um único tema, nossa hipótese era que iria ocorrer uma ampliação de significados por parte dos alunos, levando a uma descontextualização dos conceitos matemáticos desses contextos de usos específicos. No entanto, a ampliação de significados ocorreu, mas a descontextualização desses significados não ocorreu, e a participação dos alunos nas práticas em torno do tema Água foi marcada por contradições e rupturas tanto que foi visível a transformação dos objetivos dos alunos e das professoras para este estudo ao longo do decorrer da atividade.

Considerando o modo como o tema foi proposto e desenvolvido, percebe-se que as professoras apontam uma direção para a abordagem do tema, mas os alunos seguem outra, gerando uma tensão entre os objetivos das professoras e os incorporados pelos alunos. Além disso, o fato de a abordagem do tema ter sido feita pelas três disciplinas, mas não concomitantemente, gerou um conjunto de práticas escolares de grande complexidade, que nos levou a recorrer à Teoria da Atividade

---

grande tema de relevância social, proposta anualmente pela CNBB (Conferência Nacional dos Bispos do Brasil), órgão da Igreja Católica, também abraçada por outros grupos religiosos.

(Leont'ev, 1978, 1981) como aporte teórico-metodológico para descrever essa estrutura complexa.

A complexidade de relações marcada pelo dinamismo da participação dos alunos e das professoras em diferentes práticas e atividades em torno do tema Água nos direciona seja a analisar os sujeitos em ação, bem como os ambientes em que essas práticas se desenvolvem seja a olhar para a aprendizagem matemática dos alunos quando participam de práticas em torno do tema Água "como uma trajetória de participação nas práticas matemáticas discursivas e de pensamento" (Boaler; Greeno, 2000, p. 172). Segundo os autores, essa visão de aprendizagem vai além de reconhecer que uma prática social cria um contexto favorável à aprendizagem matemática, pois para eles aprendizagem matemática é a própria participação em práticas sociais.

A Teoria da Atividade será utilizada para estruturar essas práticas porque não se trata de uma teoria específica de um domínio particular. Ela nos permite uma abordagem geral e interdisciplinar, oferecendo ferramentas conceituais e princípios metodológicos que se concretizam de acordo com a natureza específica da atividade desenvolvida em sala de aula.

A Teoria da Atividade tem base filosófica materialista-dialética (Marx), com raízes na escola histórico-cultural da psicologia soviética, que tem Vygotsky como seu principal representante. Entre os teóricos que se dedicaram aos estudos da atividade humana, destaca-se, no campo da Psicologia, Leont'ev, que será referência importante neste texto. Segundo esse autor, a atividade humana nasce de um processo de transformações recíprocas entre o sujeito e o objeto. A atividade é considerada uma unidade básica de análise da reflexão do sujeito sobre a realidade. Toda atividade humana é consciente e tem a mediação cultural como principal característica.

A atividade não deve ser vista como uma reunião de atividades menores, pois para Leont'ev (1978, p. 50); "Atividade é uma unidade molar, não aditiva da vida do sujeito.[...] é um sistema que tem a sua estrutura, as suas transições e transformação internas, o seu próprio desenvolvimento".

O objeto da atividade apresenta-se duplamente: primeiro, em sua existência independente, subordinado a ele mesmo e transformando a atividade do sujeito; segundo, como a sua imagem, isto é, como um produto da propriedade de reflexão psicológica, que é realizada como uma atividade do sujeito e não pode existir de outra maneira. No esquema conceitual de Leont'ev, cujo princípio básico é o reconhecimento de uma natureza sempre cooperativa da atividade humana, a individualidade dos sujeitos emerge da atividade social.

Vejamos como foi proposto o estudo do tema Água e como as práticas desenvolvidas em torno desse tema se estruturaram em uma Atividade,[19] na perspectiva definida acima.

A proposta de desenvolvimento do tema Água em sala de aula

Para o desenvolvimento do tema Água em sala de aula, a professora de Matemática se propôs fazer um estudo sobre a conta de água dos alunos, direcionado para a aplicação da regra de três e da porcentagem, que já estavam sendo estudadas. A professora de Português acertou com o grupo que iria discutir e produzir com os alunos diferentes tipos e gêneros textuais sobre Água, e a professora de Geografia, partindo da discussão sobre os organismos supranacionais e o papel da ONU nos atuais conflitos mundiais, concordou em realizar nas suas aulas um seminário envolvendo os alunos, como representantes dos diferentes países, para um debate sobre a escassez de água no mundo e propostas para resolver esse problema. À medida que o tema foi introduzido nas três disciplinas, cada professora passou a seguir seu planejamento, desenvolvendo e propondo atividades sobre a Água dentro dos conteúdos previstos, em tempos diferentes, sem se reunirem formalmente para discutir os trabalhos de sala de aula. A comunicação entre as professoras sobre o andamento do trabalho era feita pelos próprios alunos que comentavam ou utilizavam em uma aula o que haviam feito em uma outra. O grau de parentesco entre professoras e alguns alunos também favorecia o acompanhamento pelas professoras do trabalho em outras disciplinas, porque elas tinham contato com os alunos fora do ambiente escolar.

---

[19] Vamos usar a palavra Atividade iniciando com letra maiúscula naquelas situações em que pretendermos deixar bem marcado no texto que a estamos tomando nesse sentido descrito acima, e não no sentido mais amplo da linguagem corrente que inclui, por exemplo, as tarefas escolares.

Como já afirmamos, a complexidade das práticas realizadas em torno do tema Água nos levou a estruturá-las em Atividades para discutir as aprendizagens nessas práticas, adotando uma perspectiva que, por um lado nos permite identificar os elementos da Atividade Interdisciplinar mais complexa, por outro lado nos alerta que ela pode ser decomposta em outras Atividades. Algumas ações envolvidas em uma atividade podem ser consideradas elas mesmas como uma atividade inteira em outra situação. Uma Atividade estrutura outras Atividades que, por sua vez, estruturam as práticas desenvolvidas em cada disciplina ou situação, mas que se relacionam entre si. Para apresentar a estrutura da Atividade Água, vamos utilizar alguns conceitos da Teoria da Atividade e, para isso, achamos importante explicar melhor como se caracteriza uma atividade dentro dessa teoria.

Para Leont'ev, os processos humanos são descritos por atividades específicas, que respondem a necessidades também específicas das pessoas. Essas atividades específicas vão na direção do objeto, da necessidade das pessoas e terminam quando suas necessidades são satisfeitas. O conceito de atividade como apresentado por Leont'ev possibilita a identificação de elementos dentro de um sistema, pois, a cada elemento dessa atividade, podemos associar outros conceitos importantes: atividade ligada a um motivo, ações ligadas a um objetivo e operações ligadas a condições de realização das ações, que são mediadas pela coletividade.

Vamos ilustrar essa ideia com um exemplo usado pelo próprio Leont'ev. Imaginem uma caçada de veados. Trata-se de um tipo de caçada feita sempre por um grupo de pessoas, em que alguns fazem o papel de batedores, aqueles que chamam a atenção do animal. A caçada coletiva é a atividade, a caça o seu objeto, e a vontade de comer a presa é o seu motivo. Quando os batedores fazem barulho para assustar o veado, o bater das suas mãos é uma operação, e o bater como um todo é uma ação dentro da atividade da caça, motivada pela fome a ser satisfeita pela realização da atividade. A ação de fazer barulho tem como objetivo assustar, espantar o veado. No entanto, esse objetivo está aparentemente em contradição com o objeto e o motivo da atividade, que é capturar o animal, distribuir e consumir comida. A ação dos batedores só pode ser compreendida como parte da Atividade da caça ao veado, tomando por base o seu saber consciente de que eles assustam o veado, para que ele possa ser capturado. Isso implica que a consciência humana tem um aspecto representacional mediador e mobilizador, isto é, a ação dos batedores só é compreensível sob a condição de representar a ligação entre o objetivo da sua ação e o motivo da atividade cooperativa. Eles necessitam ser capazes de representar relações entre objetos, mesmo sendo irrelevantes para as suas necessidades reais ou, então, eles continuarão simplesmente por si próprios, espantando o veado e, dessa forma, muitas vezes falhando na obtenção do objeto, caçar o veado. As suas consciências específicas e particulares são constituídas através do seu conteúdo, o qual tem como elementos os significados. Através dos significados eles são capazes de representar a relação entre o motivo e o objetivo da ação; dessa forma, eles implicam-se na atividade, e ela faz sentido para os batedores.

A principal característica de uma Atividade, que a distingue de outra, é seu objeto, pois ele dá à atividade uma direção específica. O objeto que direciona a atividade, na verdade, é seu verdadeiro motivo, que pode ser material ou idealizado. Então, o conceito de Atividade de Leont'ev (1978) está necessariamente ligado ao conceito de motivo. O estudo do tema Água em diferentes disciplinas escolares é a Atividade Interdisciplinar Água (Fig. 4), o objeto é a Água ou sua escassez. O motivo que mobiliza os alunos para essa Atividade é a necessidade de conscientização/soluções para o problema da Água. Mas o que motiva as professoras é a possibilidade de mostrar aos alunos aplicações dos conteúdos disciplinares em situações do cotidiano e promover a interdisciplinaridade. O motivo dos alunos é a conscientização. Ao se mobilizarem por motivos diferentes, as ações realizadas por ambos no desenvolvimento da Atividade vão redirecionando os motivos tanto das professoras quanto dos alunos, levando-os a se confundirem em alguns momentos.

Os componentes básicos das atividades humanas são as ações que traduzem as atividades dentro da realidade. Uma ação é um processo que está subordinado à ideia de alcançar resultados, ou seja, a uma busca consciente por objetivos. Contudo, as necessidades dos indivíduos que participam de uma atividade coletiva são satisfeitas não pelos resultados intermediários, mas pela cadeia de ações agregadas aos resultados da atividade, destinados a cada participante da atividade na base das relações sociais. Em determinado momento, os alunos perceberam que só resolveriam o problema da Água com projetos de reaproveitamento ou captação de recursos hídricos. Mas, para atingir o objetivo deles, naquele momento, que era resolver o problema da escassez de Água, partiram de ações de conscientização sobre a necessidade de economia de Água, que foram propostas inicialmente pelas professoras para mostrar situações não escolares em que os conteúdos disciplinares podiam ser utilizados, visando promover a interdisciplinaridade.

O objeto da Atividade é sentido pelos alunos como resposta à sua necessidade de compreender a situação da Água, visando reduzir seu consumo. Para isso, o aluno se envolve em diversas práticas direcionadas pelos professores dentro das disciplinas escolares. Essas ações acabam se configurando em diversas Atividades. Há uma ação global que está direcionada ao estudo da Água que desencadeia diversas outras ações, que têm qualidades especiais, entre as quais se destacam os meios pelos quais elas são realizadas. Esses meios são suas operações. O cálculo e a discussão da conta de água utilizando a regra de três, a elaboração de textos e cartazes para conscientizar os jovens para economizar água, a resolução de problemas escolares sobre água e a elaboração de projetos para resolver o problema da escassez de água no mundo são algumas das operações.

Assim, atividade, ação e operações são noções relacionadas, mas também claramente distintas na estrutura da Atividade. As ações estão associadas aos *objetivos* e as operações às *condições*.

Descrevendo a estrutura da atividade, Leont'ev afirma que ela representa um sistema dentro do sistema de relações da sociedade. Engeström (1993), um dos teóricos da chamada nova geração dos estudos sobre Teoria da Atividade, faz uma adaptação das ideias de Leont'ev e propõe um modelo de estrutura que permite analisar a Atividade primeiramente direcionada a seus motivos; depois, distinguindo as ações, como processos subordinados a objetivos e, finalmente, distinguindo as operações que dependem diretamente das condições dentro das quais um objetivo concreto é alcançado. Essas unidades inter-relacionadas da atividade formam sua macroestrutura com motivo, objetivos e condições de operacionalização. A atividade pode envolver uma série de ações que visam a determinados resultados, direcionando a própria atividade e a ação do indivíduo. Esta, por sua vez, pode ser concretizada de diversas formas ou métodos e pelas operações que estão disponíveis para realizar a ação de acordo com seu objetivo.

Para descrever a complexidade das relações entre as práticas dos alunos e dos professores em torno do tema Água, apresentamos a seguir uma variação do esquema da Atividade Interdisciplinar proposto em Tomaz (2007), que é uma adaptação do modelo de Engeström (1993), no qual buscamos retratar a natureza dinâmica inerente às práticas sociais e destacamos seus elementos: sujeito, objeto, comunidade, artefatos de mediação, divisão do trabalho e regras.

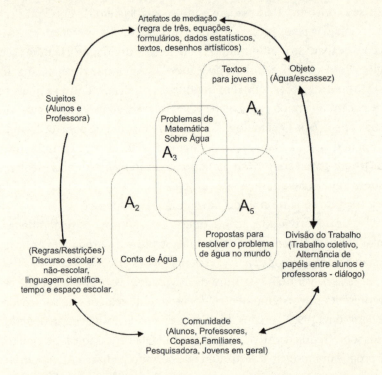

Figura 4 – Esquema geral da Atividade Interdisciplinar Água[20]

---

[20] A Atividade 1 não foi desenvolvida dentro do tema Água, por isso não está incluída no esquema acima. Mas essa Atividade envolveu o conteúdo de regra de três e teve forte relação com as atividades que os alunos desenvolveram dentro do tema Água, como apresentaremos mais à frente.

Como nossa proposta neste texto é fazer uma análise da aprendizagem dos alunos na perspectiva histórico-cultural em termos da Teoria da Atividade, vamos focar no que os participantes, alunos e professores, realmente fazem, nos objetivos que mobilizam suas atividades, nas ferramentas que eles usam, na comunidade à qual pertencem, nas regras/restrições que padronizam suas ações e na divisão do trabalho tomada na Atividade. Esses aspectos são recursos sociais e materiais que tornam possível ou restringem o poder de ação das pessoas, isto é, são recursos que medeiam a relação entre as pessoas e o objetivo de suas ações.

No esquema acima, a Atividade é tomada não como um sistema harmonioso e estável, e sim como um todo formado de segmentos contínuos e não discretos, inter-relacionados numa formação criativa, composta de elementos, vozes e concepções múltiplas, entendidas do ponto de vista histórico. É uma representação da Atividade que busca explicitar as relações entre os processos internos e externos da atividade dos alunos e professores que partilham certos procedimentos. A Atividade Interdisciplinar Água representa um conceito geral de atividade, com motivos, ações, objetivos e formas de operacionalização que dizem respeito somente a ela. Mas as outras atividades que se estruturam nessa Atividade Interdisciplinar respondem a necessidades específicas dos alunos e dos professores, configurando-se também como Atividades.

Quando descrevemos os componentes da Atividade Interdisciplinar Água pela perspectiva dos alunos, temos a Água como seu objeto, e conscientizar sobre o problema de sua escassez no meio ambiente é o que os mobiliza (motivo) a desenvolver a Atividade. Para atingir esse objetivo, os alunos realizam diversas ações, direcionados pelas possibilidades e restrições criadas no ambiente pelos professores e outros meios que desencadeiam outras atividades. A concretização dessas ações é direcionada pelos recursos materiais e simbólicos disponíveis aos alunos: regra de três, tipos de textos, desenhos, projetos, dados estatísticos. Na mobilização desses artefatos de mediação,[21] os alunos

---

[21] Segundo Cole (1999): artefatos de mediação são objetos materiais modificados pelo ser humano, como um meio de regulação de suas próprias interações com o mundo e com outras

articulam conhecimentos, ferramentas e linguagens, que partilham em outros ambientes com os membros da comunidade na qual eles se inserem (professores, familiares, órgãos oficiais de preservação e controle de consumo de água, pesquisadores, etc.).

Por outro lado, se descrevermos os componentes da Atividade Interdisciplinar Água da perspectiva das professoras considerando a proposta inicial feita por elas, a atividade é o estudo do tema Água, o objeto da atividade são os conteúdos curriculares, e o motivo é mostrar aplicações desses conteúdos quando se aborda um tema de relevância social visando a interdisciplinaridade dos conteúdos. As ações objetivas dos professores visam direcionar as atividades dos alunos, propondo temas para discussões e formas de desenvolver essa discussão. Para isso, os professores usam os próprios conteúdos curriculares – regra de três, textos, características dos continentes – como um dos mediadores das suas ações, que direcionam as ações dos alunos. A fim de concretizar suas ações, a professora de Matemática usa sua própria conta de água como artefato de mediação para mostrar aos alunos como aplicar a regra de três e calcular o consumo de água da família. A professora de Português usa um roteiro para orientar a produção do texto dos alunos, que indica o tipo de argumentação que devem utilizar. A professora de Geografia propõe um tipo de pesquisa aos alunos, que os leva a descartar a conscientização como alternativa para resolver o problema da Água, gerando uma profunda transformação na atividade dos alunos.

Segundo Davydov (1999, p. 42), "conceito de transformação é uma noção-chave na Teoria da Atividade e está intimamente relacionado com a contínua mudança interna do objeto". Para esse autor, um dos tipos de transformação possível na atividade ocorre quando, no desenvolvimento da atividade, o seu objeto de origem se divide numa variedade de outros objetos. A transformação do objeto pode acarretar também a transformação do sujeito, pelo objeto, como veremos na descrição da Atividade Água.

---

pessoas. Podem-se utilizar três níveis de artefatos: **primário**, aqueles usados diretamente na produção, o **secundário** consiste de representações dos artefatos primários e das formas de uso deles e o **terciário** são as formas que nós podemos ver o mundo atual, agindo com ferramentas para mudar a *praxis* atual.

O desenvolvimento da Atividade e sua constante transformação se devem também ao tipo de interação dos alunos entre si, e entre alunos e professores em sala, às características pessoais dos alunos, como descritas no início deste capítulo, e à interdependência das atividades humanas, isto é, ao modo como alunos e professores desenvolvem atividades que se relacionam, transformando motivos, redirecionando ações, alternando papéis na divisão do trabalho e incorporando artefatos de mediação de uma atividade em outra. Portanto, a Atividade Interdisciplinar Água não pode ser vista como uma atividade específica dos alunos e muito menos somente dos professores. É uma Atividade que se constitui na relação dialética dos *sujeitos-em-ação* e o ambiente em que realizam suas ações.

Como a estrutura das práticas em torno do tema Água, não se reduz a uma série ou soma de ações individuais discretas, embora o poder de agir do ser humano seja realizado em forma de ações, a descrição e a análise das aprendizagens nessa Atividade só podem ser feitas à medida que a atividade acontece, captando suas transformações e suas contradições internas, como possibilita a Teoria da Atividade. Por isso, no detalhamento que faremos dessa Atividade não vamos separar de forma estanque a sua descrição da sua análise.

Por outro lado, para evitar que se entenda que a Atividade Água é algo que está num movimento infinito, em que não se consegue perceber de onde ela vem e para onde ela vai, como se se olhasse apenas para o seu contexto interno, porque o externo não existe, vamos situá-la no tempo e no espaço, apontando as possibilidades e as restrições de ações impostas pelo ambiente que são percebidas pelos alunos e pelas professoras quando estão envolvidos na Atividade. Para isso, acionamos a Abordagem Ecológica da sala de aula, especificamente por meio da linguagem de Greeno, porque ela nos permite articular os dois componentes da Atividade – **ação** dos alunos e professores e **ambiente** em que essas ações ocorrem. Essa abordagem nos ajudará a fazer a discussão do caráter interdisciplinar da Atividade Água, bem como das aprendizagens dos alunos nessa atividade.

Quando olhamos para a Atividade Interdisciplinar Água por meio da participação dos alunos, focando na percepção que eles têm das restrições e das possibilidades no ambiente em que as práticas se realizam, articulando socialmente essas práticas, podemos compreender seu caráter interdisciplinar. A noção de restrições e possibilidades é interessante porque nos ajuda compreender as interações que o sujeito estabelece no ambiente da sala de aula, ao participar de práticas. Como vimos, essa noção toma como pressuposto que a cognição não pode ser dissociada do contexto social.

As características da interdisciplinaridade na Atividade Água são evidenciadas pela integração de ideias, ferramentas, linguagens, regras e conceitos das diferentes disciplinas envolvidas, feita pelos sujeitos na sua relação dialética com o objeto Água. As práticas escolares que se estruturam na Atividade Água incorporaram as especificidades da escola, dos seus sujeitos, do currículo, os traços culturais presentes no grupo e as práticas sociais mais recorrentes dentro e fora da sala de aula, apresentando as mesmas características das que eram desenvolvidas nas disciplinas de Matemática, Português, Geografia e Artes, ainda que adquirissem significados diferentes.

Nessa perspectiva, a Atividade Água emerge do processo de transformações recíprocas da participação dos alunos e dos motivos que eles mobilizam para a participação em uma ou mais atividades, no interior ou nas fronteiras das disciplinas escolares. Essas atividades constituem o ambiente e se integram em uma *Atividade Escolar Interdisciplinar* em torno do tema Água.

Para esclarecer melhor a estrutura da Atividade proposta acima e descrever a aprendizagem dos alunos, vamos detalhar duas Atividades: a conta de água e os problemas de Matemática sobre a Água, pois foram propostas dentro da disciplina Matemática, com o objetivo de discutir o tema Água e aplicar conteúdos curriculares em estudo.

As atividades que estruturaram a Atividade Interdisciplinar Água

Como já afirmamos, na análise das atividades vamos focar na ação do sujeito e no ambiente em que essa ação acontece. Embora a capacidade de agir dos alunos se apresente necessariamente na forma de ações, como veremos, a Atividade Água não se reduz a uma série ou soma de ações pontuais dos alunos. Mesmo que, em alguns momentos, as experiências individuais dos alunos sejam descritas e analisadas a partir de suas ações individuais, a Atividade se constituiu para além da influência individual, como um construto social contínuo.

As atividades relacionadas com o tema Água foram desenvolvidas resguardando as características próprias de cada disciplina, de sua prática pedagógica, de acordo com as características da turma, deixando-se influenciar pelos propósitos que se concretizaram no desenrolar da atividade. Uma vez que as condições de trabalho dadas às professoras[22] não tornaram possível institucionalizar as discussões entre elas sobre as atividades em andamento, dentro de suas respectivas disciplinas, relacionadas com o tema Água, o fluxo de informações entre elas era informal e fluía pelos próprios alunos, e muitas vezes era desordenado. Os papéis que cada participante – aluno, professoras – ia exercer nas práticas relacionadas com o tema Água foram se delimitando no desenrolar da própria prática, evidenciando o componente individual na definição da identidade e nas ações coletivas. As práticas geradas nas atividades eram marcadas por rupturas e contradições na participação dos alunos, produzindo novas práticas que se estruturaram em várias atividades relacionadas ao objeto da Atividade Água.

A seguir vamos descrever alguns episódios de duas Atividades específicas citadas na Figura 4 – conta de água e resolução de problemas de matemática sobre água – que foram desenvolvidas na sala de aula de Matemática para o estudo do tema Água, nas turmas de 7ª série. Vamos mostrar também que internamente cada um desses segmentos se estrutura, ele mesmo, como uma Atividade, que, por sua vez, se estruturam na Atividade Água.

Atividade da conta de água

A discussão do tema Água nas aulas de Matemática iniciou-se quando a professora pediu aos alunos de duas turmas de 7ª série

---

[22] No sistema estadual de ensino em Minas Gerais, a jornada docente é computada por hora-aula ministrada. Não há exigência de dedicação integral e exclusiva. Na escola pesquisada, os tempos institucionalizados destinados ao planejamento coletivo eram esporádicos.

que tirassem cópia da conta de água de suas casas. Essa tarefa foi proposta após os alunos terem trabalhado com problemas escolares que introduziam a noção de regra de três e porcentagem. Com essa conta, a professora pediu que eles fizessem os seguintes cálculos: número de dias de consumo, cálculo da média de consumo por dia, média de consumo por pessoa.

Quando propôs o trabalho com a conta de água, a professora orientou os alunos sobre o modo de localizar alguns dados a ser analisados, por exemplo, o mês de referência. Ela explicou como encontrar no formulário da conta as informações para resolver os problemas por ela propostos e quais os procedimentos de cálculo a ser utilizados. Procurou esclarecer dúvidas sobre especificidades do acesso dos alunos às suas contas de água. Tomando sua própria conta de água como exemplo, efetuou os cálculos utilizando os dados lá apresentados, ressaltando o uso da "regra de três" como caminho para resolver os problemas propostos.

Na data prevista para discussão em sala, os alunos levaram seus trabalhos, mas relataram que tiveram muitas dúvidas para fazer a tarefa em casa somente com a orientação dada anteriormente pela professora. Diante das dúvidas dos alunos, a professora deu novas orientações, e eles conseguiram fazer a tarefa em sala de aula. Após discutir todos os problemas, a professora passou a comparar o consumo familiar, mínimo e máximo, entre os alunos que tinham o mesmo número de pessoas em casa, mas hábitos e consumo totalmente diferentes. Em seguida, discutiram os hábitos e as iniciativas das famílias dos alunos, dando destaque à busca de alternativas de economia para as que consomem mais água. Ao final da aula, sugeriu que os alunos terminassem o trabalho em casa, produzissem um texto com dicas para economizar água e o entregassem na próxima aula para ser avaliado.

Apesar de a professora tentar centralizar a discussão a partir da sua conta de água, como fez no momento da orientação do trabalho, nessa aula ela não conseguiu manter essa estratégia, ocasionando a descentralização das discussões entre os alunos, alunos e professora e alunos e pesquisadora. Desse modo, é possível identificar vários segmentos da Atividade – marcados pelas ações dos sujeitos –, que poderiam caracterizar-se, eles mesmos, como Atividades dentro da Atividade da conta de água.

Episódio 1: aplicação da regra de três, leitura do formulário, transformação de medidas – m^3 para l e regras de arredondamento.
Aula de Matemática – 08/03/04 – professora Telma – registro em cassete.

A professora vai discutir o trabalho que deu para os alunos fazerem em casa e começa a corrigi-lo usando sua própria conta de água. Para isso, os alunos são dispostos em círculo na sala.

A professora monta a regra de três no quadro com os dados de sua conta:

$$\begin{array}{cc} l & dia \\ 26000 & 31 \\ x & 1 \end{array}$$
$$x = \frac{26000 \cdot 1}{31} = 838,709 \; l$$

1. Telma: na minha conta... olha só... os metros cúbicos diários dão... 0,84... ou seja... dão 840 litros... por quê? por que está arredon... dado... o computador da Copasa[23] arredondou...

(...) (a professora passa mais ou menos um minuto e meio atendendo os alunos e respondendo perguntas particulares relacionadas aos dados desses alunos e ao arredondamento feito ou a ser feito)

2. Telma: olha só gente... vamos anotar nossa primeira observação... no meu caso... observação... olha só... observação... a Copasa arredondou meu consumo médio diário para 840 litros... por quê? porque lá está assim oh::... 0,840 metro cúbico... mas o metro cúbico não é igual a mil litros? eu tenho que elevar a conta a quê?... é igual a 0,840 vezes mil litros isto equivale... igual a 840?... litros... na minha conta dá isso (839) e na da Copasa foi arredondado para 840... olha só 839 é muito próximo de 840...

3. Alunos: ...só que o meu não( )...

4. Joaquim: o meu também não...

5. Telma: não tem problema...

---

[23] Companhia de Saneamento de Minas Gerais.

((Seguem-se vários comentários simultâneos dos alunos sobre o arredondamento dos seus dados na conta, quando comparados com os cálculos que eles fizeram))
6. Telma: não tem problema... (...)
7. Telma: hã?... então vamos lá... escrevendo a observação: "a Copasa... ((tempo em silêncio)) arredondou o consumo médio diário para ... (...) no meu caso foi de 840".
8. Joaquim: e no caso que foi 800?... o que eu ponho?

Nesse trecho é possível perceber a diversidade de situações que ocorre ao mesmo tempo e a dificuldade da professora em acompanhar as ações dos alunos e da turma como um todo. Cada aluno, em cada conta, tinha um gasto de água e um número de dias de consumo diferentes, acarretando resultados diferentes. No que se refere ao arredondamento, podemos perceber que a professora segue a discussão contrastando os registros que os alunos obtinham fazendo eles mesmos os cálculos de sua conta e os registros feitos pela Copasa (falas 2-8), trazendo a autoridade da Copasa para balizar as ações de arredondamento.

9. Cássia: professora ((se referindo à pesquisadora))... conta os três primeiros números?
10. V: vamos multiplicar por cem... não é por mil... então dá::... 93448... mas aqui tem um oito... não tem? ...se for pegar três casas aqui não vai parar no quatro... depois do quatro não é o oito?... então o oito... você não vai escrever nada depois do oito... o oito não é maior do que cinco? se o oito é maior que cinco você vai aumentar uma casa... vai ficar... 9345...

((os alunos falam ao mesmo tempo. Cada um querendo uma explicação sobre a situação apresentada em sua própria conta)).
11. Telma: não... arredondou para 325... põe aí ((respondendo a um aluno em particular))... isso...

Os alunos Fabiano e Cássia apresentaram dúvida quanto ao uso da calculadora. Eles estavam digitando o ponto que é usado na calculadora para separar a parte inteira da parte não inteira e que na representação dos números é utilizado para separação das ordens no número, acarretando uma resposta diferente. Por exemplo, quando foram dividir 26.000 por 31, apertavam a tecla ponto depois do número 6, resultando na divisão do número 26 por 31. Assim, enquanto a professora e outros alunos davam sequência aos cálculos do consumo de água por pessoa, os alunos Cássia e Fabiano ainda estavam tentando fazer o arredondamento de seus próprios cálculos (falas 9-10) e não acompanharam a discussão sobre a comparação dos resultados e a diferença de arredondamento que a Copasa fez na conta da professora ou de outros colegas. Como todos acionavam a professora ao mesmo tempo, esses alunos envolveram a pesquisadora na discussão para que ela os ajudasse a fazer o arredondamento. Parece que eles queriam entender as regras de arredondamento e não só compará-las com os registros da Copasa. Enquanto esses alunos discutiam com a pesquisadora, a professora tentou seguir com outro segmento da atividade, quando foi chamada pelo aluno Romero. Ele mostrava à professora que na sua conta da Copasa não estava expressa a média de consumo diário, acrescentando um tipo de situação à já complexa estrutura criada para a discussão da conta de água.

Episódio 2: um "parênteses" feito pela professora para esclarecer as divergências de registros entre o formulário de um aluno e a conta referência (da professora).

12. Romero: viu... professora...
13. Telma: se em alguma hipótese não tem o consumo diário...((fala para a turma o quê fazer))
    (...)
14. Telma: coloca a observação não... não... a observação é só nas contas que têm esse consumo diário médio...((responde para um aluno em particular))

Ao acionar a professora para fazer um questionamento, Romero demonstrou estar em outro segmento da atividade anterior ao do arredondamento. Ele queria saber como localizar o dado sobre o consumo diário em sua conta para comparar com o valor por ele calculado, se esse registro não estava expresso na conta dele, como na dos outros colegas.

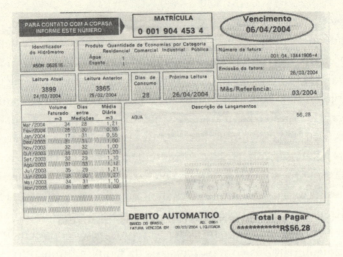

Figura 5 – Modelo da conta de água emitida pela Copasa
(Companhia de Saneamento de Minas Gerais)

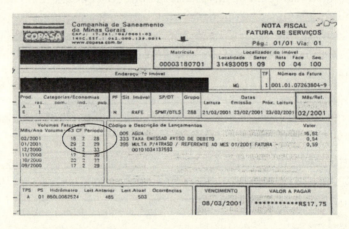

Figura 6 – Conta de água do Romero (Essa conta não trazia a
média de consumo diário, como se pode ver no espaço circulado.)

Quando a professora tenta passar para o problema seguinte, que seria calcular a média diária por pessoa, estabelece-se outro segmento da Atividade, de que participa apenas um grupo de alunos. Enquanto isso, Cássia, por exemplo, ainda está no segmento da atividade relacionado com o arredondamento, comparando os seus resultados com os da Copasa, e tudo indica que o Romero ainda está fazendo o cálculo do consumo diário.

Episódio 3: retomada do arredondamento:

15. Telma: ((retornando para a turma)) gente... vamos fazer... o consumo médio diário por pessoa... então nós vamos colocar os litros e o número de...
16. Alunos: pessoas...
17. Cássia: então quer dizer que a Copasa arredondando... eles estão ganhando um tanto de água a mais...
18. Telma: não porque a gente paga pelos metros cúbicos... (para isso) eles pegam pela média diária... tá? ...gente... litros... eu gasto 26000 de água... mensal... quantas pessoas são na minha casa?

Para a estruturação das práticas em atividades, a sequência em que essas práticas vão se articulando e se estruturando na atividade é delineada pela sequência ou periodização de ações. Para descrever essa sequência, Engeström (1999) propõe que o tempo na atividade seja estruturado em ciclos, que não tem um caráter repetitivo, mas antes expansivo. Adotar-se-ia o ciclo expansivo de tempo, pois para esse autor o "tempo atividade" é qualitativamente diferente do "tempo ação".

Ao adotar a ideia dos ciclos expansivos, Engeström (1999) procura resolver dois grandes problemas por ele identificados na concretização da estrutura da atividade de Leont'ev. Um dos problemas é a oposição entre a continuidade dos processos físicos e a descontinuidade da atividade. Essa dicotomia se resolve porque, com os ciclos expansivos, pode-se fazer a diferença entre a estrutura do tempo da ação de o tempo da atividade. Enquanto o "tempo ação" nesses ciclos é linear e finito, o "tempo atividade" é cíclico e recorrente. O tempo da ação corresponde a uma linha de tempo; o "tempo atividade" corresponderia mais a um círculo de tempo (ENGESTRÖM, 1999).

Quando Cássia chega a realizar as ações desse segmento da Atividade, ela introduz um questionamento sobre a metodologia adotada pela Copasa para fazer o arredondamento e os ganhos financeiros que a empresa obtém ao adotar essa metodologia, desencadeando outro segmento na sua própria atividade. Esse questionamento, que não havia aparecido antes, faz Cássia retomar "o tempo atividade" vivido pelos outros alunos e pela professora no segmento anterior da atividade.

Para dialogar com a aluna, a professora e os colegas teriam que retomar a discussão sobre o registro da Copasa, que parecia já ter se esgotado no fala 18, mas a professora não retoma a discussão, encerrando a observação da aluna. Se o questionamento da Cássia tivesse desencadeado um novo segmento da atividade, envolvendo todos os alunos nessa discussão, a turma teria uma boa oportunidade de refletir sobre o papel dos modelos matemáticos em contraposição às situações reais da vida social e discutir melhor a noção de média. Entretanto, com o comentário do fala 18, a professora trata de retornar à ação interrompida quando da intervenção de Cássia e retoma o cálculo do gasto médio diário por pessoa. Inicia-se, a partir daí, um outro segmento da Atividade, envolvendo a definição do número de consumidores de água em cada família, que também tem a participação da aluna Cássia.

Episódio 4: definição da grandeza – quantidade de pessoas a ser utilizada no cálculo da regra de três para a média de consumo por pessoa.

19. Sônia: ôh... professora?
20. Telma: seis...
21. Sônia: professora aqui... na minha casa... eh:: meu irmão... quase não mora lá porque ele só vem final de semana...
22. Telma: mas... tem alguém que trabalha lá na sua casa?
23. Sônia: tem sim... Cleusa trabalha dia de segunda-feira...
24. Telma: trabalha quando?
25. Sônia: dia de segunda...
26. Cássia: oh... professora... lá em casa...

((depois do questionamento da Sônia, os alunos começam a contar e questionar, falando ao mesmo tempo, o número de pessoas que vivem e trabalham nas suas casas e até número de animais))

27. Cássia: olha para você ver... tem uma moça ...
28. Telma: muito bem...
29. Cássia: e tem uma outra lá que... vai (arrumar o condomínio... não é todo dia... então eu contei como uma pessoa)
30. Telma: então você vai calcular o gasto das pessoas do condomínio(...).

31. (...)
32. Telma: então olha só... 26.000 litros são gastos por seis pessoas ((dados da conta de água da professora))... se eu quero o gasto por pessoa... são quantas pessoas?

Nesse episódio, os alunos tinham de resolver o problema: "Calcule a média de consumo por pessoa em cada residência". Para resolvê-lo, eles tinham de definir quantas pessoas viviam na residência deles. Alguns alunos atribuíram significados diferentes dos que a professora havia atribuído a essa definição de pessoas quando explicou sua conta. Eles consideraram que, naquela situação, *residir significa gastar água*, acarretando formas diferentes para a contagem de pessoas que consomem água na família. Sônia, um desses alunos, explicou (fala 21) que achava que não podia computar seu irmão porque ele só ficava em casa nos finais de semana, já sua faxineira, que trabalha uma vez na semana, também consome água, mas não reside lá. Depois de discutir isso com os colegas e a professora, ela decidiu considerar seu irmão e a faxineira como um único consumidor de água na sua casa, perfazendo um total de cinco pessoas (ela, sua mãe, seu pai, sua irmã e o irmão+faxineira). Como se pode ver, o número de pessoas toma um *significado situado*, pois incorpora o contexto em que está inserido. No desenvolvimento da atividade, a aluna vai modificar o significado do número cinco, fazendo com que este não seja apenas uma entidade abstrata que expressa uma simples comparação entre uma grandeza discreta e a unidade, resultando na definição de um número para quantificar o número de pessoas da família.

Sônia adotou um nível de detalhamento de sua prática familiar que a direciona a ações que vão se concretizar na determinação do número de consumidores de água, tomando o número de pessoas na família como uma grandeza contínua, dando ao número cinco o significado de medida, e não o de um resultado de uma contagem, como fazem outros colegas e a própria professora.[24]

---

[24] Segundo Lima *et al.* (1997, p. 26), números são entidades abstratas, desenvolvidos pelo homem como modelos que permitem contar e medir. Nos compêndios tradicionais o número é definido como "o resultado da comparação entre uma grandeza e a unidade.

Porém, no registro da aluna do cálculo da regra de três, a forma como ela chegou ao número 5 e a quantidade que ele realmente representa não são retratadas. A aluna apresenta o mesmo registro do algoritmo da regra de três dos outros alunos. Somente na entrevista, alguns dias depois dessa aula, ela nos explicou a sua estratégia. Quando Sônia levantou essa questão, alguns alunos, como Cássia, começaram a se questionar sobre o número de pessoas que haviam considerado anteriormente em seus cálculos, alterando os parâmetros de determinação desse número, como podemos ver nas falas 26-30.

Na entrevista com Sônia, foi possível esclarecer como ela fez a contagem do número de pessoas de sua casa. Vejamos o que ela explica:

Entrevista com Sônia – 28/05/04 – registro em cassete.

3. V: ah:: tá... você se lembra que você perguntou que achava que não ia contar seu irmão porque seu irmão não ficava em casa...
4. Sônia: eh:: meu irmão... ele::... ele só voltava quinta e sexta... ele ia... ficava lá... segunda... terça... e quarta... quinta ele voltava porque ele tinha fisioterapia... voltava para lá... e depois ele voltava...
5. V: e aí... depois você contou ele... você contou a faxineira...não tinha uma faxineira?
6. Sônia: (tinha) aí eu coloquei ela porque ela passava a maioria do tempo lá... de seis às oito da noite ela ficava lá comigo...
7. V: ah:: então quer dizer que nesses cinco aí... ora é por causa de seu irmão... ora é por causa da faxineira...
8. Sônia: hã..rã::..
9. V: e aí... a partir daí você fez a conta... na hora ... por que você ficou com essa dúvida... por que você pensou nisso?
10. Sônia: uê... está lá... é para pegar a média de cada pessoa...mas eu não sabia se precisava contar com meu irmão porque ele não

---

Se a grandeza é discreta, essa comparação chama-se uma contagem, se a grandeza é contínua, a comparação chama-se uma medição e o resultado é o número real". Lima considera que essa definição, apesar de não atender aos padrões atuais de rigor matemático não podendo ser considerada uma definição matemática para a noção de número, tem grande mérito de revelar palavras com sentido claro na linguagem do dia a dia. O significado que Sônia utiliza pode ser associado a essa definição tradicional.

ficava lá... se precisava contar com a faxineira... porque a faxineira num... ela ...não toma banho... essas coisas assim... não é xingando ela não... mas é porque ela tem vergonha assim... mas ela gastava água para lavar louça...lavar passeio... ela até tomava banho lá ...mas tomava duas vezes na semana para ir para festa... essas coisas... aí eu contei metade para ela e metade para o outro...

No segmento da atividade relatado no episódio 4, as ações dos alunos foram operacionalizadas de acordo com duas alternativas de *sintonias para restrições e possibilidades* que se apresentaram no ambiente: a definição do número de pessoas a ser consideradas para o cálculo da média, seguindo a sugestão da professora, isto é, simplesmente contando o número de pessoas da família, ou a definição do número de pessoas de acordo com o tempo de permanência delas na casa, seguindo o pensamento de Sônia. Na primeira alternativa, seguida pela professora, as ações são direcionadas para o cálculo da regra de três quando os dados são retirados de uma conta de água, enquanto a segunda alternativa, opção de Sônia, conduz para o levantamento dos hábitos particulares de cada componente de sua família, afastando, assim, a ação da aluna das formas convencionais escolares de determinação de um número para montagem e resolução de uma regra de três. Há alunos, como Cássia, que redirecionaram suas ações a partir da observação da Sônia e outros, como o Joaquim, que manteve a sua sintonia com as restrições e as possibilidades sugeridas pela professora.

Por isso, consideramos que o cálculo da média de consumo por pessoa envolve dois segmentos diferentes da Atividade, descritos no episódio 4, pois utilizam operações diferentes para concretizar ações diferentes: uma atividade envolveu os procedimentos de cálculo já ensinados pela professora; a outra, o uso de ferramentas e meios diferentes de determinar o número de consumidores de água, como fez a aluna Sônia. Independentemente do método adotado em cada atividade, as ações dos alunos e da professora dependem das suas próprias ações anteriores. Aqueles que optaram pelo registro da Copasa para o consumo diário vão encontrar resultados diferentes daqueles encontrados por quem utilizou seus próprios resultados, calculados no problema anterior. Na combinação das formas de operacionalização das ações dos alunos dentro desse segmento da atividade da conta de água, a questão do arredondamento retorna, influenciando a ação naquele momento.

A participação dos alunos nesse episódio se realiza num movimento de cooperação como forma de envolvimento dos novos participantes naquela comunidade. As contradições internas inerentes a essa Atividade, na qual alunos e professora estão envolvidos, se manifestam na disputa de espaço entre eles para apresentar seus dados, suas dúvidas e seus resultados. Entretanto, no momento de desenvolver cada segmento da atividade, que, por sua vez, constituem outras tantas atividades, pois são segmentos contínuos e não discretos, a ação demandada é de resolver um problema.

Na sequência, relatamos um episódio em que a professora retoma a identificação das grandezas para a montagem da relação de proporcionalidade e cálculo do consumo médio diário. Nesse momento, os alunos precisam redirecionar suas ações para o pensamento proporcional, e não para a manipulação de números ou definição de dados para os cálculos a serem utilizados no algoritmo.

Episódio 5: definição da natureza das grandezas que estão sendo comparadas nos cálculos da conta de água

49. Telma: agora nós vamos fazer o consumo médio diário por pessoa... ((passam-se alguns segundos))
50. Telma: consumo médio diário de água por pessoa... então... se eu estou falando em consumo eu estou falando em...
51. Alunos: ((falam ao mesmo tempo e não foi possível compreender))
52. Telma: em... que unidade?
53. Aluno 2: dinheiro...
54. Telma: não...
55. Aluno 3: dia... dia...
56. Telma: não... consumo... consumo é dia?
57. Sônia: não... Consumo é litros...
58. Telma: litros... ((a professora, desde o exemplo inicial fez a conversão de metro cúbico para litros, porque a pergunta que os alunos

tinham que responder era o consumo de litros de água por mês, por dia ou por pessoa.))
59. Sônia: o outro é dia...
((vários alunos falam ao mesmo tempo entre si e com a professora))
60. Telma: (...) qual outra grandeza...
61. Aluno3: dia...
62. Telma: não...
63. Aluno2: pessoas...
((Segue discussão... vários alunos falam ao mesmo tempo))
64. Aluna1: professora?... professora?
65. Telma: eu vou pegar... ela falou que ela poderia pegar o consumo mensal... e dividir pela quantidade de dias... que o meu era 31... aí está (cada um com o seu) eu vou optar por fazer por este consumo médio da Copasa...
((a professora acaba induzindo o raciocínio dos alunos para usar o "método da regra de três" e a adotar o resultado expresso na conta para média diária para o cálculo do consumo médio por pessoa))
66. Alunos: (alunos perguntam alguma coisa sobre a observação feita pela professora e ela confirma)
67. Telma: é... então a Copasa não falou que eu tenho um consumo médio diário de 840 litros ?
68. Aluno 4: minha folha não vai caber não...
69. Telma: (indicado) 840 litros ... para seis pessoas... se eu quero o consumo de uma pessoa... vai ser?
(fala de vários alunos.)
70. Telma: então... vamos lá... olha só...
((a professora insiste em usar a representação algébrica da proporcionalidade com a regra de três, reforçando o modelo de representação escolar da proporção, em vez de fazer a divisão direta))

Esse episódio mostra que, até esse momento, os alunos ainda não tinham pensado no problema em termos das grandezas que estavam sendo comparadas. Mas quando a professora pergunta qual unidade expressa a grandeza "consumo", ela redireciona a discussão para a identificação dessas grandezas. Anteriormente, os alunos estavam sendo desafiados a ler e compreender os registros no formulário da conta de água e aplicar os dados numéricos em um algoritmo pré-definido para os cálculos pedidos. Nesse momento, eles são desafiados a identificar as grandezas, entre as quais se pressupõe que existe proporcionalidade, mas essa noção não chega a ser explicitada, nesse momento.

Ao analisar esse episódio com mais profundidade, percebemos que, no cálculo da média diária de consumo por pessoa, a participação dos alunos estava direcionada para o nível operacional da ação. Isso significa que os alunos poderiam estar resolvendo os problemas anteriores sem tomar consciência das grandezas que estavam sendo comparadas, o que pode indicar que, nesse momento, eles não estavam, de fato, envolvidos em uma atividade de cálculo de consumo de água, pois a atividade humana é direcionada ao motivo, e, por sua vez, induz às ações, que estão ligadas aos objetivos, devendo essas ser conscientes. A atividade em que eles estavam envolvidos era de aplicação da regra de três. Os alunos já dominavam os artefatos de cálculo, o algoritmo da regra de três, mas já começam a surgir dúvidas sobre o significado daquele algoritmo a partir da intervenção de Sônia. A questão da aluna já estava relacionada à definição de uma das grandezas ("número de pessoas"), mas isso não ficou evidenciado na discussão que se seguiu.

Mais adiante, a dúvida sobre a natureza das grandezas envolvidas na situação da conta de água fica evidenciada quando a professora questiona o que significa consumo. Esse questionamento provoca uma ampliação de percepção de possibilidades de ações dos alunos conectando-as com os diferentes significados que a noção de consumo poderia assumir naquele ambiente. Dentro do tema Água e da própria conta de água, consumo poderia significar, por exemplo, valor a ser pago, associando **consumo** com **dinheiro** (fala 53). Quando a professora questiona essa associação (fala 54), ela cria uma restrição no ambiente de uso do significado dinheiro para a noção de consumo. Mas, ainda assim, restavam outras possibilidades, pois a pergunta do problema – "Qual o consumo médio diário por pessoa?" –, associava o consumo com um período diário, ou tempo de consumo.

A associação de **consumo** com **tempo** surge no fala 55. Somente quando a professora intervém (fala 56), criando novas restrições no ambiente, a aluna Sônia aciona o significado desejado pela professora para aquele contexto: o **volume** de água gasto, expressado na unidade litro. Esse leque de possibilidades, percebidas pelos alunos, ocorre porque o ambiente da atividade proporciona o uso de diferentes significados para o mesmo conceito ou noção.

No decorrer do episódio, a professora vai criando restrições no ambiente para que os alunos fiquem sintonizados para a linguagem escolar (fala 65) e para o cálculo da regra de três, usando sempre o algoritmo (fala 69). Entretanto, como os alunos estão envolvidos em outro segmento da atividade – consumo diário por pessoa *de sua residência* – que reúne situações escolares e não escolares, eles não conseguem seguir respeitando somente o direcionamento dado pela professora. O ambiente em que essas situações se desenvolvem possui um leque maior de possibilidades que permitem uma diversidade de formas de participação dos alunos nas práticas. Nesse segmento da atividade da conta de água, surge um leque maior de normas, efeitos e relações que, nesse ambiente, tornam as *sintonias para as restrições e as possibilidades* mais complexas. Parece-nos natural que isso ocorra sempre que se propõem atividades interdisciplinares em interface com situações do cotidiano e/ou de outros campos disciplinares.

O desenrolar da aula mostra quão situada se tornou a Atividade. Cada aluno chama para si as estratégias e as práticas coletivas de cálculo dentro de seu próprio contexto particular, direcionando suas ações: a transformação da unidade de medida para expressar água (m^3 ou litros) usando a regra de três, a montagem das expressões para os cálculos das médias, a contagem de pessoas que consomem água em casa, o questionamento das práticas institucionalizadas de arredondamento da escola e da Copasa e a definição das grandezas a ser comparadas. Simultaneamente, eles são solicitados a participar da elaboração dos cálculos da conta da professora. No extremo, poderíamos pensar que cada aluno participa de uma série de práticas que se estruturam em uma Atividade particular, centrada na sua própria conta de água, ao mesmo tempo em que participa também de outras práticas que compõem as ações coletivas para o estudo da conta de água da professora e dos colegas que se estruturam em outra atividade. A participação dos alunos nas diferentes atividades vai se configurando com base nas suas práticas familiares e na capacidade de articulação entre essas práticas e as escolares, e na sua percepção da necessidade de dominar a linguagem expressa na conta de água e das possibilidades de uso de determinadas ferramentas de cálculo, aquelas sugeridas pela professora (regra de três) e outras escolhidas por eles mesmos.

Podemos dizer que o estudo da conta de água, com toda essa complexidade que procuramos descrever, constituiu uma Atividade como define Leont'ev (1978, p. 50). Neste caso, uma das formas de descrever a sua estrutura pode ser feita por meio dos seguintes componentes: o estudo da conta de água é a Atividade, seu objeto é a conta de água, o motivo que mobiliza a Atividade é conscientização para a necessidade da redução do consumo de água. Realizar os cálculos de consumo de água é uma ação e realizar esses cálculos utilizando a regra de três é uma operação. Como vimos, uma Atividade está sempre ligada a um motivo que direciona ações para atingir objetivos e essas ações são concretizadas em operações que se efetivam dentro das condições do ambiente.

Entretanto, como uma atividade se transforma tanto do polo do sujeito quanto do polo do objeto, o objeto, a conta de água, ao se transformar ora em um texto coletivo ora num texto individual, cuja atividade produz cálculos matemáticos e dicas de economia de água, a Atividade se transforma do polo do objeto. Quando, na sua individualidade, cada aluno utiliza e interpreta os dados de sua conta de acordo com o motivo que o mobilizou a estudá-la, a Atividade se transforma do polo do sujeito. Por outro lado, quando diante do aluno se apresentam ambientes que articulam o contexto escolar com o cotidiano ou um tema com uma disciplina, ou o uso de artefatos escolares e não escolares, criam-se nesses ambientes *possibilidades e restrições* de ações que são características da participação em Atividades Interdisciplinares.

A atividade da conta de água foi estruturando as práticas em torno dela, tendo como ponto de partida as transformações internas produzidas pelas mudanças de participação dos alunos nas práticas e pela definição de novos motivos no decorrer da Atividade. As contradições entre as ações dos alunos e as da professora são explicitadas pelas rupturas que os alunos fazem na sequência de sua participação na Atividade conta de água, diante do exemplo dado pela professora. No entanto, as tentativas da professora para manter o curso da discussão voltado para sua própria conta vão provocando inovações e mudanças nas formas de os alunos e a professora desenvolverem a própria atividade. A regra de três, na atividade dos alunos, serve apenas para realizar os cálculos da conta de água, como um meio para compreender o consumo familiar, não como um conceito ou procedimento matemático a ser compreendido na sua aplicação. Os diferentes motivos que mobilizam alunos e professoras para a Atividade, os diferentes tipos de textos e as interferências individuais dos alunos criam tensões que desencadeiam novas formas de interação e práticas em sala de aula. Como veremos, todo esse movimento vai culminar numa compreensão da regra de três e do problema da água numa perspectiva interdisciplinar.

A complexidade da Atividade se torna tal que é quase impossível acompanhar a aula se adotarmos a linearidade como parâmetro de discussão dos resultados apresentados pelos alunos. Para acompanhar a participação dos alunos, torna-se necessário fazer a leitura desses dados na perspectiva dos ciclos expansivos de tempo em uma atividade. Nos trechos da aula em que os alunos se envolvem com o arredondamento do cálculo de consumo por dia, podemos ver evidências desse movimento.

São vários segmentos da Atividade que se integram e que envolvem ações diferentes, tais como: expressar o consumo em litros; calcular média de consumo diário; fazer o arredondamento do resultado e comparar esse resultado com o registro da Copasa, localizar os dados no formulário da conta, definir a unidade de medida de uma grandeza ou a própria grandeza a ser comparada. Todas essas ações ocorrem no plano individual e coletivo, simultaneamente. A ação dos sujeitos (alunos e professora) é mediada pelos artefatos representados pela conta de água e pela própria regra de três, como ferramenta de cálculo e está incorporada às atividades coletivas.

Deslocando-nos agora da análise das ações individuais dos alunos e professora para a análise do contexto mais amplo da Atividade, vislumbramos uma atividade coletiva direcionada para o motivo idealizado pela professora com a conta de água: criar uma situação real para aplicação da regra de três e ampliar os significados atribuídos pelos alunos a esse conteúdo. Mas o uso do formulário da conta de água de sua casa, como um artefato para analisar sua realidade familiar faz surgir nos alunos motivos próprios para essa atividade. Então, como participantes dessa outra comunidade (familiar), eles se envolvem em atividades organizadas coletivamente, mediadas por esse artefato, que os obriga a trazer para a atividade escolar sua realidade familiar, modificando a Atividade escolar. Em entrevista após a realização dessa atividade, a professora de Matemática reconheceu o caráter situado da Atividade da conta de água quando comentamos com ela que os alunos nos haviam dito que a regra de três utilizada na conta de água era diferente da que eles utilizavam em outros tipos de exercícios que fizeram em sala. Ela também comentou que seu objetivo nessa atividade era contextualizar a regra de três.

Entrevista com Telma – 30/03/04 - gravada em cassete.

39. V: todos os alunos que eu entrevistei disseram que é diferente...
40. Telma: aplica-se a regra de três no cotidiano... mas não pode ser regra de três porque... regra de três é uma coisa que eles fazem dentro da escola... eu acho que pode estar havendo esta distância... escola é escola... minha casa é minha casa... a rua é a rua... então o que eu faço lá no supermercado... não é o que o eu faço na escola... é uma regra de três lá no supermercado... mas não é a da escola... porque escola é escola...

O caráter dinâmico da Atividade da conta de água, que ocorre num cenário especializado, a sala de aula de Matemática, permite-nos identificar significados (públicos e sociais) e a distinção que essa atividade proporcionou entre os construtos individual e coletivo para o próprio objeto da atividade. Numa atividade, a internalização de elementos cognitivos vivenciados em contextos sociais não é um processo de formação do plano de consciência interno do indivíduo.

Resumindo, o conjunto das práticas escolares com a conta de água nas aulas de Matemática se estrutura numa Atividade porque é possível caracterizá-la segundo seu objeto – conta de água –, cujo motivo é propor dicas de economia para a família; que direciona para ações de conhecer melhor o consumo familiar de água. Calcular médias de consumo é uma ação que, por sua vez, desencadeia uma série de ações: calcular o consumo por dia, por pessoa e por dia/pessoa. Para realizar essas ações lança-se mão de artefatos, como a regra de três e o formulário da conta de água da Copasa, que são a própria condição de operacionalização das ações.

Entretanto, nos episódios analisados neste capítulo, que envolvem a discussão da conta de água, pode-se dizer que os alunos participam de uma Atividade (estudar sua conta de água para levantar dicas de economia em sua família), enquanto a professora está em outra atividade (ensinar a usar regra de três em situações reais de vida). Como na Atividade da conta de água se apresentam segmentos com motivos diferentes, cria-se um sistema de atividades dentro dela que, por sua vez, vai compor o sistema da Atividade Água, como veremos. A transformação de motivos é também a transformação do objeto que vai mudando de função ao longo da atividade. Os componentes dos diferentes sistemas de atividades no domínio da Atividade da conta de água são determinados pela transformação do objeto na Atividade. Sendo vários os sistemas integrados, dentro de tantos outros, cria-se um processo complexo com muitas contradições entre os componentes de um mesmo sistema e entre os componentes de um sistema com os demais componentes de outro sistema. Para a professora, a atividade está mais fechada dentro do campo da Matemática, envolvendo a aplicação de um conteúdo específico; para os alunos, o domínio da Atividade é o das práticas sociais e culturais que determinam os hábitos de consumo de água, tendo o conteúdo matemático como uma operação que possibilita a ação de economizar ou de conscientizar.

Ampliação do significado da regra de três

Vamos discutir a seguir como a participação dos alunos na Atividade da conta de água proporcionou uma ampliação de significados para a noção de regra de três. Para isso, torna-se possível analisar a aprendizagem matemática da regra de três como um dos componentes da Atividade da conta de água, se tomarmos sua historicidade. Essa historicidade se evidencia pelo uso da regra de três como um artefato em diferentes momentos em sala de aula, configurando-se como um ciclo expansivo de tempo (ENGESTRÖM, 1999): um primeiro momento, antes do estudo da conta de água e do tema Água, quando a noção de regra de três foi introduzida com problemas tipicamente escolares, mas os alunos podiam utilizar estratégias próprias de resolução porque o conteúdo não havia ainda sido exposto pela professora; um segundo momento, quando os alunos tiveram que resolver novos problemas, também tipicamente escolares, agora aplicando a regra de três ensinada pela professora a partir dos primeiros problemas; e um terceiro momento, quando utilizam a regra de três para resolver os problemas propostos dentro da conta de água da professora e de suas próprias contas. São várias atividades envolvendo a regra de três que se desenvolvem em segmentos contínuos, produzindo o que chamamos de *atividade em curso ou em movimento*.[25] Em cada segmento da atividade, é possível distinguir formas de aprendizagem situada. Como afirma Lave (1988), para que ocorra aprendizagem é imprescindível a ocorrência de atividade, toda atividade implica aprendizagem.

Quando a professora utilizou sua própria conta como exemplo para explicar aos alunos o que era para ser feito com a conta de água, ela criou restrições no ambiente para sintonizar os alunos para a percepção de possibilidades de ações nas situações que envolviam suas contas de água. Apesar do esforço da professora, como veremos adiante, sua iniciativa acabou gerando algumas dificuldades, não previstas por ela, na realização dos cálculos por alguns alunos.

É claro que muitos alunos compreenderam a orientação da professora e calcularam as suas médias de forma semelhante à proposta por ela, quando usou sua conta. Entretanto os próprios registros de consumo na conta de cada aluno tomam a conotação de restrições do ambiente e, em alguns casos, quando são diferentes do da professora, exigem deles outro padrão de participação diferente do apresentado pela professora. Nesses casos, quando os alunos comparavam os

---

[25] Essa é a tradução que estamos adotando para *ongoing activities* (LAVE, 1988). O termo "em curso" (*ongoing*) quer ressaltar o caráter dinâmico e fluido da atividade. São atividades que vão se constituindo no processo de formação, tornando-se explicáveis à medida que ocorrem e, ao mesmo tempo, vão se modificando e gerando outras.

resultados que encontravam para sua própria conta com os cálculos feitos pela professora, mesmo que tivessem usado regra de três, não conseguiam relacionar os dois procedimentos, nem associar o seu procedimento com a regra de três estudada anteriormente em sala. Para eles tratava-se de um novo procedimento a ser utilizado. Isso se justifica porque os meios que estruturavam[26] os cálculos com a conta dos alunos exigiam mais do que apenas os números expressos na conta deles, como ocorria nos problemas anteriores. Além disso, era necessário considerar outras *possibilidades e restrições* que advinham das situações cotidianas e da Copasa, não colocadas no ambiente até então. Portanto os registros na conta e os resultados dos cálculos eram percebidos pelos alunos como barreiras para a *transferência* do que já sabiam de regra três para a nova atividade, e não como pontes. Como não faziam relação direta com a regra de três que haviam aprendido antes, consideraram que essa era outra regra de três. Como eles mesmos afirmaram, "tudo é regra de três, mas parece que são diferentes".

O ambiente em que a atividade foi desenvolvida e o contexto em que estava inserida – onde o consumo de água de cada aluno foi discutido coletivamente, mas usando os registros individuais de cada conta – gerou um tipo de interação entre os alunos com um padrão de participação que não tinha sido utilizado até então. Os alunos tiveram que discutir as particularidades da conta de água, evidenciadas nos dados específicos de cada conta, fazendo uso de *possibilidades e restrições* do ambiente que se colocam para o coletivo, mas que, quando usadas nas situações particulares, produzem resultados diferentes. Para cada aluno, no nível individual, pode-se configurar uma situação particular originada nas suas relações com o problema a ser resolvido com a sua própria conta de água. Ao mesmo tempo em que isso ocorre, ele interage em outras situações, estabelecendo relações com o coletivo. Portanto, nessa situação não se trata apenas de aprender a fazer a conta da regra de três e achar um número. Exigem-se outras aprendizagens, como distinguir a

---

[26] Lave (1988) afirma que, dado um contexto, as atividades desenvolvidas dentro dele fornecem campos de ação em que uma estrutura a outra. São os meios de estruturação que dão forma aos processos e conteúdos de aprendizagem e possibilitam as mudanças de perspectivas dos aprendizes no que é conhecido e feito.

diferença dos seus dados para os dados da professora, encontrar no formulário os dados numéricos para depois calcular a resposta à pergunta, avaliar o resultado dentro da exigência de redução de consumo, etc.

Apesar do esforço feito pela professora em explicar aos alunos, com exemplos, e apesar de os problemas propostos pela professora para a conta de água serem, a princípio, até mais simples do que os apresentados nos problemas resolvidos em sala anteriormente, surgiram no ambiente elementos socioculturais advindos da própria natureza da situação que são percebidos como restrições, não associadas à Matemática, levando os alunos a ter dificuldade de relacionar a Atividade da conta de água com situações e atividades anteriores. Isso justifica terem encarado o que utilizavam para resolver os problemas na conta de água como uma "outra regra de três".

Ao participar da Atividade da conta de água, os alunos ampliaram os significados associados à regra de três. A ampliação desses significados ficou evidenciada nas entrevistas com os alunos, pois parece que eles enxergaram essa Atividade, primeiro lugar, como algo para aprender sobre como economizar água e, em segundo lugar, para adquirir novos conhecimentos de Matemática. Nesse sentido, as dicas de economia a serem propostas funcionam como o meio de estruturação central da Atividade, mas não isolam a atividade matemática necessária para possibilitar a participação, o que proporcionou a construção de novos significados para a regra de três. A aluna Cássia expressa em entrevista o que considera ter aprendido sobre a regra de três ao estudar o tema Água.

Entrevista com Cássia – dia 25/04/04 – gravada em cassete

29. V: muda alguma coisa no que você já sabia de regra de três quando você faz para calcular conta de água?
30. Cássia: ah:: mais ou menos... porque assim já está olhando tudo tem que medir direitinho o que a gente gasta... assim... aí para fazer... acho que muda um pouquinho... por causa que... igual você falou real da gente mesmo... porque antes não era né?... era normal tipo um problema assim... então acho que ... tinha até os números iguais... mas acho que...foi diferente...

31. V: você acha que a regra de três aqui é diferente daquela regra de três dos probleminhas lá?
32. Cássia: eh:: porque aqui você fica mais ligada assim... nó:: sua conta assim... aí você fica mais assim para poder fazer... saber quanto que é...

O trecho acima mostra bem que, ao utilizar a regra de três para entender sua conta de água, a aluna atribuiu novos significados ao conceito matemático, ampliando seu significado e até dando-lhe maior importância.

Acreditamos que é essa ampliação de significados que proporciona ao aluno maior poder de ação (agency) para resolver problemas como mostra o aluno Rodrigo, que prefere seu próprio "método" para os cálculos com sua conta, mesmo diante da orientação da professora para usar o algoritmo da regra de três, como relata na entrevista.

Entrevista com Rodrigo – dia 25/03/04 – gravada em cassete.
19. V: mas você na hora que você foi fazer as contas aqui ((mostrando o trabalho do aluno))... o que você usou de Matemática para fazer isto...
20. Rodrigo: eu... foram duas contas que eu usei de Matemática... porque esta já tinha lá... esta também não... então foi esta conta e esta conta que eu usei... ela ensinou de um jeito mas eu fiz de outro jeito que eu já sabia... eu fiz na primeira... tinha um número... eu dividi este número pela quantidade de pessoas que tinha na minha família e achei... diferente do que ela faz...
21. V: por que é diferente do que ela faz?
22. Rodrigo: assim... a conta dela no final vai ser a mesma ... mas só que a armação é diferente... entendeu?
23. V: como ela arma?
24. Rodrigo: ela arma assim... se um número é igual... supondo no caso... se seis gastam quarenta e duas... uma pessoa gasta quantos? assim... e eu peguei... quanto que as pessoas gastam e já dividi logo por seis... que eu já achei o resultado do um... é diferente...
(...)
30. V: neste caso aqui você fez do seu jeito porque os números são mais simples ou porque eram umas contas de água?

31. Rodrigo: não... pelo meu jeito mesmo que eu fiz isto... eu faço do jeito que eu acho mais fácil para mim... então para mim o mais fácil é este...

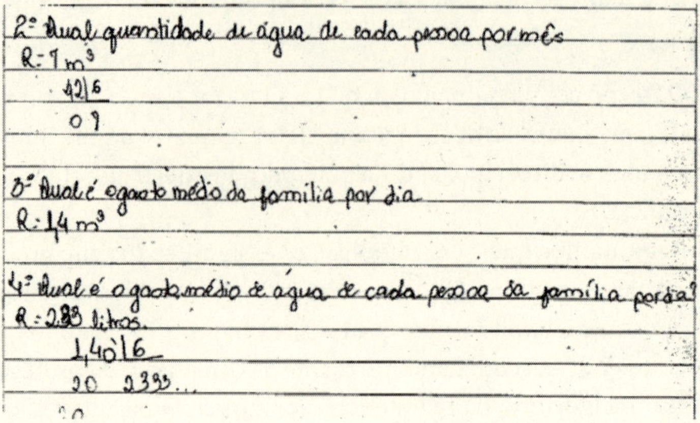

> 2º Qual quantidade de água de cada pessoa por mês
> R: 7 m³
>   12|6
>   0 2
>
> 3º Qual é o gasto médio da família por dia
> R: 14 m³
>
> 4º Qual é o gasto médio de água de cada pessoa da família por dia?
> R: 283 litros.
>   1,40|6
>   20 2333...

Figura 7 – Cópia dos cálculos que o aluno fez com dados de sua conta de água.

Rodrigo não "transporta" diretamente as práticas de resolução de problemas, que incluem a regra de três, da atividade externa a esse sistema, para o plano interno, que envolve a atividade com sua própria conta de água. Ele primeiro parece ressignificar a orientação da professora sobre a ferramenta a ser usada para os cálculos e define sua própria estratégia, que consiste em efetuar diretamente a divisão entre as grandezas fornecidas, tendo como resultado dessa divisão o coeficiente de proporcionalidade. Porém, em alguns problemas ele usa o tipo de registro sugerido pela professora; em outros mantém o seu. Como a estratégia usada pelo aluno é mais difundida no contexto social não escolar, o aluno a utiliza quando a situação envolve números que são também comuns na sua prática cotidiana ou que facilitam a divisão exata, apontando que nesses casos ele não considerou como relevante para essas situações a possibilidade existente nas situações anteriores (regra de três), ainda que a percebesse como uma noção matemática que ele já dominava.

A atitude desse aluno mostra quão significativa pode ser a iniciativa de introduzir em sala de aula situações que possibilitem aos alunos interagir com outros campos ou tipos de conhecimento, a exemplo do que ocorreu nessa Atividade Água. Dada a variedade de crenças e práticas dentro da sala de aula, as perspectivas situadas dão uma importante contribuição para se justificar o deslocamento do foco dos atributos cognitivos para as práticas que os alunos empregam em sala de aula. Assim, por exemplo, é importante não se pensar que os alunos vão ficar restritos às práticas nas quais são induzidos a participar pelo professor. Os alunos são capazes de resistir aos padrões escolares impostos a eles, isto é, às restrições no ambiente escolar e empregar seus próprios métodos e pensamentos.

O pensamento proporcional é utilizado por esse aluno como um conhecimento mais geral, passando, assim, a ser uma possibilidade para raciocínio que é utilizada como balizadora da sua própria prática de cálculo, a ser utilizada na situação da sua conta de água. O aluno parece ter desenvolvido um poder de ação (*agency*) que lhe permite participar da prática escolar fazendo adaptações para restrições no ambiente, culminando em formas próprias de fazer e pensar Matemática e de fazer relações e transferências de aprendizagem entre situações.

Também ficou claro, nas outras entrevistas, que, para a maioria dos alunos, ter antes estudado "regra de três" foi o que possibilitou-lhes fazer os cálculos no problema da conta de água, mostrando que, também para eles, houve ampliação de significados desse conteúdo. Eles afirmaram que, para resolver as questões propostas, não viam outra forma senão usar a "regra de três", mesmo que fosse diferente da que utilizavam quando tinham que resolver os outros problemas de sala de aula, ainda que se tratasse da água. Quando os alunos citam a regra de três, eles estão se referindo à capacidade de resolver o problema usando o modelo de registro algébrico para o pensamento proporcional,[27] enfatizado pela professora, quando propõe esse modelo de resolução usando sua conta.

A atividade da conta de água, quando se estrutura na Atividade Interdisciplinar Água, possibilitou que os alunos manifestassem estratégias de resolução de problemas matemáticos diferentes das que são sugeridas pela professora.

---

[27] Esse registro utiliza a comparação de duas grandezas: três valores são conhecidos e um é desconhecido. Para calcular o valor desconhecido, monta-se uma equação algébrica com os valores dados.

A ampliação de significados que caracteriza a aprendizagem na Atividade da conta de água ocorre porque, nas situações que envolviam resolução de problemas com regra de três, anteriores à da conta de água, os alunos podiam recorrer apenas às suas práticas escolares de resolução de problemas, reforçando essa aprendizagem como era esperado. Na conta de água, além das práticas escolares, os alunos consideraram as práticas familiares e tiveram que compreender e traduzir as diferentes formas de registro das informações e o formato de textos da conta de água para o modelo escolar. Isso porque no trabalho com a conta de água, os alunos buscavam levantar as práticas de consumo de água em casa para propor dicas de economia e não apenas para exercitar um conteúdo matemático. Para atingir seu objetivo, os alunos precisam direcionar suas ações no sentido de saber ler o consumo expresso na conta e trabalhar com esses valores comparando-os com os dos registros da Copasa. Para montar os cálculos, eles mesmos tinham de produzir dados, como a determinação do número de familiares para chegar ao consumo médio por pessoa em casa. Há variantes nessas situações como o fato de pessoas diferentes terem consumos diferentes ou o tempo de permanência da pessoa em casa influenciar na definição do número de "familiares" para o cálculo da média de consumo por pessoa. Assim, para participar da Atividade da sua própria conta de água, há *restrições e possibilidades* de ações individuais no ambiente que não se colocavam antes, na situação escolar, gerando aprendizagens diferentes sobre a regra de três.

O fato de ter que conferir os resultados com os registros expressos na conta da Copasa e a responsabilidade de encontrar resultados que atendessem à situação real retratada na conta de água de sua situação específica é totalmente novo na prática escolar desses alunos, pouco acostumados a participar de Atividades Interdisciplinares. Essas atividades, tal como no caso da Atividade Água, devem criar um ambiente que proporcione novas possibilidades e restrições de ações do sujeito, contribuindo para a ampliação de significados dos conceitos.

Finalizando, ao longo do acompanhamento da Atividade conta de água os alunos desenvolveram diferentes aprendizagens: além de compreender melhor a técnica de manejo da regra de três e aplicá-la como "método" escolar para calcular o consumo familiar de água, eles aprenderam a ler textos matemáticos, como as tabelas que se apresentaram na conta de água, e a estabelecer relações entre medidas (m^3 e l) e entre diferentes tipos de representações numéricas. Eles aprenderam também a argumentar, fazer arredondamentos e inferências, criar estratégias para resolver um problema real, comparar e conferir os cálculos da Copasa. Esse aprendizado pode ser utilizado não só no meio escolar como também na sua vida social não escolar, por exemplo, para fazer reclamações, quando necessário, à empresa de saneamento de água (Copasa). Ao participar das práticas que envolvem a conta de água, os alunos conscientizaram-se para a necessidade de economizar água, que era o real objetivo deles nessa Atividade. São aspectos da aprendizagem matemática escolar que contribuem para a formação geral do indivíduo e o preparam para o exercício da cidadania. Como uma aluna afirmou em entrevista:

Entrevista Tereza e Dayse – 08/07/04 – gravada em cassete

356. Tereza: eh::.... isso sair espalhando ele... isso aí foi um modo de conscientização... esse estudo que a gente fez para mim valeu DEMAIS... muita coisa que eu não sabia eu passei a estar sabendo... aprendendo... e assim serviu muito de conscientização para mim... porque eu não tinha noção que era tão...

Consideramos que a Atividade da conta de água contribuiu para a aprendizagem de conceitos matemáticos relacionados à noção de proporcionalidade, para o desenvolvimento de habilidades numéricas, ampliando os significados da regra de três do campo da Matemática. Do nosso ponto de vista, essas aprendizagens superaram até mesmo as expectativas da própria professora ao propor a atividade.

Atividade dos problemas de Matemática sobre a água

Nesta seção vamos discutir outra atividade matemática ainda relacionada com o tema Água, mas que não utiliza a conta de água. Essa atividade consistia na resolução de problemas de regra de três e porcentagem tendo como enredo várias informações sobre o consumo de água. Ela ocupou uma posição de fronteira dentro da Atividade Interdisciplinar Água (Fig. 4) porque também garantiu a participação da Matemática nas atividades de Português e Geografia desenvolvidas em torno do tema Água.

Os problemas foram formulados pela professora a partir de textos sobre Água, de forma que sua resolução dependesse do uso de regra de três, porcentagens e outras noções numéricas. Seguem dois exemplos.

Problema 1
Aula de Matemática do dia 30/03/04.

Um dos problemas foi baseado num pequeno texto retirado da cartilha da Campanha da Fraternidade, que também era usada nas aulas de Ensino Religioso.

> Do ponto de vista do consumo, 20% da população brasileira (35 milhões) não têm acesso à água potável. (...)
>
> 80% do excesso de esgoto é jogado nos rios. Cerca de 105 milhões de brasileiros vivem em estado de insegurança quanto à água que utilizam (Campanha da Fraternidade – 2004).

Problema proposto pela professora de Matemática:

De acordo com o texto qual a taxa da população brasileira que representa as pessoas que vivem em insegurança com relação à água que utilizam?

Problema 2
Aproveitando um quadro publicado na edição da revista *Isto É* de 24 de março de 2004, em que se indica o consumo de água para escovar dentes, lavar louças, a professora elaborou problemas, envolvendo porcentagem e regra de três.

Quadro 1 – Consumo de água

Atividade	Tempo (min)	Torneira aberta (l)	Alternativa econômica (l)
Escovar os dentes	5	12	1
Fazer a barba	10	24	4
Lavar a louça	15	117	20
Regar o jardim	10	186	96
Lavar o carro	30	560	40

Fonte: reportagem "Água Enxuta", revista *Isto É*, 24 mar. 2004, p. 96.

Problema proposto pela professora de Matemática:

Com base no quadro, se uma pessoa que escova os dentes com a torneira aberta, passar a fechar a torneira enquanto escovar os dentes calcule a taxa aproximada da economia de água durante a escovação.

Na discussão entre professora e alunos, o procedimento de resolução proposto pela professora foi a montagem de uma equação algébrica (regra de três) para encontrar o resultado desejado.

As práticas escolares em torno dos problemas de Matemática sobre água também se estruturam como uma **Atividade** (problemas de Matemática sobre a água), pois essa possui um **motivo** (apresentar situações-problema para exercitar um conteúdo matemático e aprofundar a conscientização sobre o problema da água), que se expressa através de **ações** (levantar hipóteses sobre o consumo de água e resolver os problemas propostos relacionados com a água) que se operacionalizam por meio do algoritmo da regra de três, dentro das **condições** colocadas pelo ambiente. Entendemos que, nesse caso, o motivo da atividade para a professora era resolver problemas tipicamente escolares que envolviam dados sobre a questão da água para continuar o trabalho de conscientização dos alunos e ao mesmo tempo mostrar aplicações da regra de três, como ela expressa na introdução da aula para os alunos:

Aula de Matemática dia 30/03/04 – professora Telma – gravada em cassete

1. Telma: então agora vai vir a parte que eu quero que você identifique... com relação à Água... apesar do Brasil ter a maior reserva de água doce do mundo... cerca de seis milhões e duzentos mil metros cúbicos de água... no Brasil já estamos tendo cidades que estão com problemas no abastecimento de água... inclusive em São Paulo saiu na semana passada... uma reportagem que V. trouxe para mim e que nós fizemos um quadro baseado nessa reportagem... com algumas medidas para economizar essa água doce... e pegando o gancho também na Campanha da Fraternidade desse ano... que é também com relação a essa necessidade de economia de água... nós elaboramos alguns problemas ((grifo nosso))... pegando ganchos da reportagem de V. e ganchos da Campanha da Fraternidade...

então... lá na reportagem que V. trouxe para gente... que alguém aqui falou que achou...ou leu a reportagem... e aí?

No contexto da resolução desses problemas, utilizam-se os códigos, a simbologia e a linguagem própria da Matemática Escolar. Mesmo não se tratando de uma linguagem matemática nos moldes utilizados pelos próprios matemáticos profissionais, é uma linguagem situada dessa disciplina que está sendo construída e define o código de participação dos alunos nessas práticas. Diferentemente da Atividade da conta de água, nessa atividade, definem-se normas, regras, relações e ferramentas que regem as formas de participação em um sistema com padrões de participação mais tipicamente escolares. Isto é, definem-se de forma mais precisa as possibilidades e as restrições que se apresentam nesse ambiente.

Esses problemas possibilitaram à professora continuar propondo possíveis aplicações da regra de três e porcentagem em problemas mais próximos do cotidiano dos alunos, mas ao mesmo tempo aproximando-se mais dos padrões de participação no ambiente escolar, que era um dos objetivos iniciais para o estudo do tema Água, já que as professoras se propuseram desenvolver esse tema sem perder de vista os conteúdos escolares. Esse objeto direcionou ações voltadas para fazer leitura, cálculos e registros de procedimentos escolares para resolução dos problemas. As ações se operacionalizaram no uso de ferramentas matemáticas, como o "algoritmo da regra de três", e de artefatos que deram condições para a realização da atividade. Esses artefatos foram o quadro da revista *Isto É* e a Cartilha da Campanha da Fraternidade, etc. Na Atividade da conta de água, os alunos também estavam aplicando a regra de três, mas as ações dos alunos estavam mais claramente focadas na conscientização e na proposição de dicas de economia. Nos novos problemas sobre a água, o formato torna-se mais escolar, não trazendo situações verídicas de suas próprias vidas, como ocorreu na atividade da conta de água, mas eram situações passíveis de se tornar realidade.

Apesar de não fazerem parte da Atividade da conta de água, que era a atividade principal (da Matemática) dentro do tema Água, percebemos que as informações e os dados utilizados nesses problemas matemáticos sobre a água foram, por sua vez, utilizados mais tarde pelos alunos como artefatos, tanto para compor a Atividade de produção de texto para conscientizar jovens, realizada na aula de Português, quanto para realizar a Atividade de elaboração de propostas de solução para o problema da água no mundo, objetivo do trabalho de Geografia. Entretanto, quando os alunos utilizaram essas informações nas atividades das outras disciplinas, eles lhes atribuíram significados diferentes, adaptando a linguagem à nova situação em que estavam sendo usados, reforçando o caráter situado das noções matemáticas.

Por exemplo, vários alunos produziram textos na disciplina de Português utilizando o quadro da revista *Isto É*, trechos da cartilha da Campanha da Fraternidade e outras informações que apareceram nos problemas tipicamente matemáticos sobre o tema Água, para compor seus argumentos para conscientizar os jovens.

Figura 8 – Cartaz dos alunos da turma 706 para o cenário do teatro sobre a água

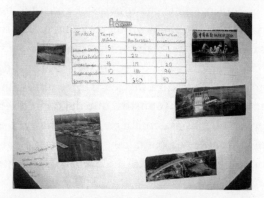

Figura 9 – Cartaz desenhado pelos alunos da turma 706 como cenário para o teatro sobre a água

Sem dúvida, a Atividade dos problemas de Matemática sobre a Água envolveu os alunos num outro tipo de ambiente de que eles não haviam participado até então, pois o poder de ação dos alunos não estava nem tão fortemente influenciado pelo poder de ação da própria disciplina Matemática,[28] como ocorreu nos problemas sobre regra de três resolvidos antes do trabalho com a conta de água, nem tão fortemente influenciado pelo poder de ação do tema Água, que relativizava a Matemática Escolar, como no trabalho com a conta de água. Essa atividade parece ter contribuído para que os alunos se sintonizassem para *restrições e possibilidades de ações* no ambiente que permitiram a eles relacionar e utilizar a regra de três que aprenderam, antes de trabalhar com a conta de água, com a regra de três a ser utilizada nos problemas.

Os problemas propostos a partir do quadro da revista *Isto É* mobilizavam os alunos tanto para aspectos escolares da noção de proporcionalidade como para ações que eles praticam fora da escola, como escovar dentes, lavar louças, lavar carro, tomar banho, etc. Mas, diferentemente do que acontecia com a conta de água, nessa Atividade os alunos não eram os protagonistas dos problemas. O motivo da Atividade, nesse caso, era exercitar um conteúdo matemático, aprofundando ao mesmo tempo a conscientização sobre o problema da água, em segundo plano. Diferentemente, as restrições no ambiente da Atividade da conta de água direcionavam os alunos, em primeiro plano, para padrões de participação voltados para a revisão de hábitos pessoais e familiares de consumo de água, que depois foram reforçados pelos problemas com o quadro da revista *Isto É*. Quando os alunos se sintonizam para as novas restrições que os direcionavam para os procedimentos escolares de resolução de problemas usando a regra de três, ocorre uma transformação dos próprios problemas propostos, que deixam de ser vistos somente como problemas matemáticos, da mesma natureza dos que foram resolvidos antes da conta de água, mas que não chegam a ser como os resolvidos com esta, que remetiam os alunos às suas

---

[28] *Agency of the discipline* está sendo usado com o significado de poder de ação ou organização do campo disciplinar.

experiências pessoais. Assim, a Atividade dos problemas de Matemática sobre a água faz uma ponte entre o escolar e o não escolar, entre o disciplinar e o interdisciplinar, que vamos representar no diagrama a seguir:

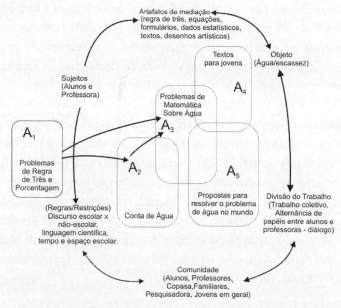

Figura 10 – Relação entre a Atividade 1 e as Atividades do tema Água que compõem a Atividade Interdisciplinar Água.

Nessa atividade não se verifica a mesma a tensão entre a ação coletiva e individual, como ocorreu na conta de água, porque a ação individual se articula e se confunde mais com a coletiva. Passam a ser as características do grupo de alunos que direcionam a ação, e não os hábitos e dados pessoais, porque esses problemas trazem um protagonista genérico, com o qual qualquer aluno pode se identificar. Nesses problemas, os alunos não calculam a economia de água como se eles próprios passassem a escovar os dentes de torneira fechada, mas podem se imaginar agindo dessa forma. A seguir vamos ressaltar as potencialidades que esse tipo de problemas parece apresentar em termos das aprendizagens que proporciona aos alunos, quando combinado com outros tipos de atividades, conforme ocorreu no nosso caso.

Uma nova ampliação do significado da regra de três

Dada a interface entre a aprendizagem na Atividade de problemas de Matemática sobre água e na Atividade da conta de água, bem como com as outras atividades dentro da discussão do tema Água, os alunos ficam sintonizados para *as restrições e as possibilidades de ações* percebidas nessas outras atividades quando estão resolvendo os problemas descritos acima. Por exemplo, o pensamento proporcional usado para o cálculo de médias de consumo, a transformação de unidades de medida e o arredondamento, e a possibilidade de interferir no problema criando situações ou dados específicos ou que retratam seus hábitos particulares foram percebidas pelos alunos como invariantes e relevantes para resolver os problemas relacionados com a reportagem da *Isto É* sobre a água. E isso os levou a utilizar ferramentas como as formas de calcular médias e as dicas de consumo, fazendo relação com as discussões ocorridas na Atividade da conta de água. Vejamos um trecho da aula em que as alunas Sônia e Cássia tentam propor uma alternativa, não apontada no quadro da revista, para economizar ainda mais água ao se escovar os dentes.

Episódio 1 – Sintonizando para possibilidades percebidas em diferentes situações-problema
Aula de Matemática dia 30/03/04 – professora Telma – gravada em cassete

2. Telma: tinha lá... quando vai escovar os dentes você gasta cinco minutos para escovar os dentes... se escovar com a torneira aberta... ela vai gastar doze litros de água... se ela fechar a torneira na hora da escovação ela vai gastar...
3. Joaquim: um litro
4. Cássia: mas se deixar um pouquinho aberta...
5. Telma: mas... ((segue uma discussão se fará mais economia com a torneira um pouquinho aberta))
6. Sônia: se tiver um copo d'água...
7. Telma: aí economiza mais... né?
8. Sônia: não...

9. Telma: sim uai... se você tiver um copo d'água você vai ter menos de um litro... se você vai lavar com aquele copo d'água você vai ter menos água... baseado naquele quadro que nós fizemos... se uma pessoa gastar cinco minutos...doze litros se tiver com a torneira aberta... se ela passar a fechar... qual a economia ela vai passar a fazer? ...de quanto?

No ambiente em que a atividade se desenvolve, dos problemas elaborados pela professora aproveitando a discussão sobre o tema Água visando o cálculo de porcentagens e o uso da regra de três, era possível perceber as possibilidades que sintonizavam os alunos para as discussões da Atividade da conta de água, ao mesmo tempo que também os sintonizavam para as discussões dos problemas com regra de três resolvidos antes da conta de água. Na discussão da conta de água eles podiam criar dados, relacionar as perguntas dos problemas com seus hábitos familiares ou particulares e usá-los para resolver os problemas. Eles podiam interferir no problema proposto e até modificá-lo. Antes da atividade da conta de água, eles não consideravam essa possibilidade. Por exemplo, no episódio a seguir, de uma aula realizada antes da Atividade da conta de água, nenhum aluno questionou se a situação proposta era possível de concretizar ou associou a situação com suas experiências pessoais ou familiares.

Episódio 2 – Sintonizando para restrições que direcionam para o cálculo da porcentagem nos moldes sugeridos pela professora.
Aula dia 16/02/04 – 7ª série – Professora Telma – resolução de problemas com regra de três – gravada em cassete

(...) A professora deu vários problemas para os alunos resolverem em grupo. Depois de certo tempo, chamou os grupos para apresentar para a turma as estratégias usadas para resolver o problema proposto. Uma aluna (Sheila) vai à frente, lê o problema: "em uma residência, onde vivem 7 pessoas, são consumidos 42 m^3 de água em 30 dias. Se, além das 7 pessoas, passarem a viver nesta residência mais 8 pessoas, em 45 dias seriam consumidos mais quantos metros cúbicos de água?". Terminada a leitura, a aluna pega o giz no quadro e começa a resolver montando o seguinte esquema:

1. Sheila: 7 pessoas na casa... 42 metros cúbicos... 15 pessoas mais... vai ser x... 42 vai lá em cima vai dar mais... ((para definir quais os números vão se posicionados no numerador da fração e aqueles que vão para o denominador, a aluna vai tampando as colunas do esquema visual usado para fazer a comparação, seguindo a mesma dinâmica da professora, quando ensinou como resolver uma regra de três))
2. Aluno: por quê? várias...

    (vários alunos falam ao mesmo tempo)

    A aluna monta a expressão algébrica:

    $$x = \frac{15 \times 42 \times 45}{7 \times 30} = 135$$

    $$135 - 42 = 93$$

3. Telma: o que é o 135?
4. Sheila: é o que é a mais que o 42... aí... 135-42... é consumo.

Nos problemas que culminaram na Atividade dos problemas de Matemática sobre água há um mesmo rol de dados pré-definidos para todos os alunos, diferente do que ocorria na Atividade da conta de água, mas semelhante ao que ocorre no problema proposto no episódio acima. Além disso, a linguagem dos problemas elaborada a partir do quadro da revista *Isto É* era a da Matemática escolar, o que torna o ambiente em que essa atividade se desenvolve mais favorável a sintonias para as restrições que direcionam a solução do problema para o cálculo da porcentagem nos moldes escolares, como no episódio 2. Isso levou os alunos a não ter dúvidas sobre os procedimentos para o cálculo da porcentagem solicitada.

Entretanto, ao mesmo tempo em que se restringe o espaço de participação do aluno em termos dos procedimentos utilizados, surgem novas oportunidades de participação dos alunos pelas sintonias que estabeleceram com as possibilidades e as restrições percebidas na Atividade da conta de água, criando alternativas para redução do consumo de água que vão além dos dados apresentados na tabela, como ocorreu no episódio 1.

Percebe-se, desse modo, que esse tipo de situação se aproxima mais das práticas que eram utilizadas pela professora de Matemática antes da discussão do tema Água. Nessa atividade, a professora não precisou usar de uma situação particular (a conta de água dela) para explicar aos alunos o que fazer. Há o quadro da revista *Isto É*, que é o mesmo para todos, e é a ele que todos devem recorrer para resolver o problema da quantidade de água que se vai gastar ao escovar os dentes. Não era intenção da professora que os alunos ampliassem o quadro ou criassem outras dicas de economia para aqueles outros itens.

Quando os alunos vão participar da Atividade dos problemas de Matemática sobre água, há uma dupla transformação de motivos em relação às Atividades anteriores. Essa transformação ocorre quando os alunos percebem no ambiente dessa Atividade, restrições e possibilidades de ações que também se apresentavam para as atividades anteriores. A Atividade dos problemas de Matemática sobre água é uma nova atividade que se configura direcionada a um novo motivo, resolução dos problemas matemáticos sobre a água, que apontam alternativas de redução do consumo.

A percepção de *sintonias para restrições e possibilidades de ações* para participar de uma atividade que faz a ponte entre outras atividades leva os alunos a se sintonizar para possibilidades e restrições dessas outras atividades, percebendo algumas como invariantes e relevantes para participar da atividade em curso. Essa percepção de invariantes que a Atividade dos problemas de Matemática sobre água proporcionou, resultou em transferência de aprendizagens, de diferentes ambientes para essa Atividade, culminando em uma aprendizagem de algumas noções, como a regra de três, decorrente de uma nova ampliação de significados desse conceito dentro das atividades que a professora de Matemática se propôs a desenvolver em suas aulas. O aluno age num ambiente que possui elementos com os quais ele já se identifica. A transferência de aprendizagem que esses alunos realizaram ocorreu a partir do poder de ação deles, como resultado de percepções recíprocas de possibilidades e restrições entre diferentes situações em diferentes ambientes, que direcionaram suas ações no ambiente mais amplo onde se realizava a Atividade Interdisciplinar Água.

Concluímos que, nesse caso, a interdisciplinaridade da Atividade Água foi caracterizada mais pela participação dos alunos nas diferentes Atividades que a compõem do que pelo possível poder articulador do tema, justificando assim a perspectiva de interdisciplinaridade que propomos neste livro. Nossa perspectiva pressupõe mobilização de aprendizagens vistas como relacionadas, entre as práticas sociais das quais alunos e professores estão participando; participação dos alunos e professores nas práticas escolares no momento em que elas estão sendo desenvolvidas em sala de aula, e não pelo que foi proposto *a priori* e busca por novas informações e combinações que ampliam e transformam os conhecimentos anteriores de cada disciplina, gerando conhecimentos novos. A interdisciplinaridade, assim, passa a ser analisada na **ação** dos sujeitos, quando participam individualmente ou coletivamente de Atividades, e não pelo que foi proposto inicialmente para o desenvolvimento do tema.

No próximo capítulo vamos apresentar algumas situações em que se fazem relações entre Artes, Matemática e outras disciplinas.

Capítulo IV

As aulas de Artes gerando oportunidades de interdisciplinaridade

Vamos apresentar neste capítulo situações das aulas de Artes que retratam configurações da interdisciplinaridade em sala de aula não relacionadas diretamente a um tema. Nessas situações relatam-se momentos em que noções aprendidas numa disciplina são recontextualizadas em outras, ampliando seus significados e configurando uma atividade interdisciplinar, mesmo quando essas noções não foram desenvolvidas visando à abordagem de um tema ou projeto. Nos casos a seguir, ou foi a professora que estabeleceu uma relação na sala de aula envolvendo noções de mais de uma área de conhecimento, ou foi o aluno que espontaneamente fez relações entre situações exploradas em sala de aula sob diferentes perspectivas disciplinares.

Nas aulas de Artes das turmas de 7ª série, a professora levava para a sala reproduções de obras clássicas ou grafites famosos, projetava-os no retroprojetor ou os mostrava em catálogos e ensinava os alunos a fazer a sua leitura. Essa leitura seguia o seguinte roteiro: apresentava-se a obra, falava-se do contexto histórico da época em que ela foi produzida, do autor e das suas condições de produção. Depois, a professora passava à exploração de elementos estéticos: composição, forma, cor, dimensões. A seguir, ela apresentava a ficha técnica da obra com o nome do artista, datas de nascimento e morte, título da obra, técnica utilizada, dimensões, local em que se encontra e distribuía uma cópia da obra em preto e branco. Por fim, explicava aos alunos como se faz a "leitura formal" do quadro, a qual consiste em apontar os elementos da forma geométrica e cores e o tipo de obra – se é figurativa, abstrata, etc. Num outro momento, os alunos produziram releituras dessas obras clássicas e dos grafites.

Os conteúdos trabalhados nas aulas de Arte foram técnica de pintura, dimensões da obra, leitura de uma obra, releitura de obras de Arte. Ao acompanhar essas aulas foi possível verificar que os conteúdos abordados nessa disciplina ofereciam ricas oportunidades para explorar noções matemáticas. Por exemplo, em uma das aulas, a professora discutiu as técnicas utilizadas no quadro da *Mona Lisa*, de Da Vinci, ressaltando suas linhas e formas. Ela ensinava os alunos a fazer a "leitura formal", que consistia em observar as medidas do quadro, o enquadramento geométrico e o tipo de obra: figurativa ou abstrata. Essa leitura formal estava ligada à compreensão que se tem de um quadro, quando se retira toda a subjetividade do autor, o contexto histórico em que a obra foi produzida e o gosto estético do admirador ou leitor. Em outra aula, quando se exploravam os grafites, foi possível constatar, igualmente o uso de noções de ângulos, projeção, perspectiva e simetria para se fazer a leitura e a releitura de um grafite.

A leitura de obras de Arte e a discussão sobre as medidas da tela e a noção de paródia

Segue um episódio de uma aula em que a professora propõe a leitura da obra *As Bolhas de Sabão* de Manet, que exemplifica um momento em que a professora chama a atenção dos alunos para algumas noções matemáticas, que considerou passíveis de ser exploradas naquele momento, que ela denominou de "leitura formal" da obra.

Episódio 1 – Leitura das dimensões de uma tela
Aula de Artes – dia 29/04/04 – Professora Adelma – registro em vídeo

Figura 11 – *As bolhas de sabão*, França, 1867. Edouard Manet (1832-1883)
Óleo sobre tela, 100,5 x 81,4 cm.
Museu Caloustre Gulbenkian, Lisboa, Portugal.

4. Adelma: Manet... aqui já tem os dados... olha só ((aponta na lâmina))... peguem a sequência... vamos ver o título da obra... o ano em que ela foi produzida ... que nesse caso aqui mil e oitocentos e?
5. Aluna: sessenta...
6. Adelma: sessenta e sete... qual século?
7. Alunos: dezenove...
8. Adelma: tá... aqui vem o nome do artista...
9. Aluno: é para copiar isso aqui?
10. Adelma: não isso não... aqui vem a data de nascimento dele... no caso ele nasceu em 1832... e quando é artista que já... morreu... vem a data também de quê? de morte... então 1883... aqui, em seguida, vem a técnica... o recurso material que o artista utilizou para confeccionar este trabalho... em seguida nós temos o quê?... a dimensão... essa tela corresponde a o quê?... são 100 cm... ((grifo nosso))
11. Sônia: um metro e cinco...
12. Adelma: um metro e cinco por oitenta e um centímetros e... o quê? – vamos dizer certo... é oitenta e um centímetros e quatro... ((aponta para mim aguardando que eu complete a frase))

13. V: milímetros...
14. Adelma: quatro milímetros?
15. V: é...

Consideramos que os alunos realizam uma Atividade ao participar dessa aula de artes, porque existe um objeto definido: leitura de uma obra de arte, que é o próprio motivo da participação dos alunos. Nessa Atividade distinguem-se objetivos (explorar os dados da ficha técnica, que são importantes para a compreensão da obra de Arte) que, por sua vez, direcionam ações, como destacar uma a uma as informações da ficha que identificam a obra e fazer a leitura matemática "correta" das dimensões do quadro. Essas ações dependem de condições para ser operacionalizadas: ter a ficha técnica e distinguir unidades de medida.

Ao analisar as intervenções da professora, observamos que durante a aula os alunos são direcionados a perceber *possibilidades e restrições de ações* no ambiente, que lhes permite fazer a leitura da obra. Isso fica evidenciado quando a professora destaca que certos elementos da obra de Arte devem ser observados para entendê-la no momento histórico em que foi produzida, a fim de compreender as intenções do autor.

Nas aulas de Artes, dadas as restrições criadas no ambiente pelas intervenções da professora e pelo uso dos equipamentos de projeção das obras, vários conceitos são definidos ao mesmo tempo. Há um forte direcionamento da professora na definição desses conceitos e nas formas de participação dos alunos. Os diálogos em sala nos momentos dessa exposição pela professora são marcados pelas lacunas que ela deixa para os alunos preencherem, quando ela mesma não responde. Isso determina padrões claros de participação dos alunos nas atividades das aulas de Artes.

Também há momentos criativos, de produção artística, como quando os alunos foram convidados a produzir releituras das obras. Nesses momentos, a professora atendia individualmente os alunos, sem direcionar o seu raciocínio. O trabalho de produção de releituras exigiu que os alunos, dentro das aulas de Artes, estabelecessem naturalmente relações com outras práticas. Para fundamentar as técnicas de desenho, os alunos tiveram que aprender não apenas a identificar os planos em que os objetos foram posicionados na obra mas também a compreender a perspectiva como recurso de representação de objetos no plano utilizado pelo autor, como veremos mais à frente, no episódio 2.

A intervenção da professora (fala 10) expressa sua preocupação em chamar a atenção dos alunos para a leitura matemática correta das dimensões do quadro. A unidade de medida está expressa em centímetros por meio de um número racional, na representação decimal. São 100,5 cm, que é igual a 100 centímetros, que equivalem a 1 metro, mais meio centímetro. Esse meio centímetro corresponde a 5 milímetros. Então, a medida de uma das dimensões da obra é 1 metro e 5 milímetros. Várias habilidades numéricas são exigidas nessa leitura das dimensões: reconhecer o número como racional, com uma parte inteira e outra fracionária, reconhecer a unidade de medida, centímetros, e expressar essa unidade através de seus múltiplos e submúltiplos. A professora abre espaço para a aluna completar sua fala *"são 100 centímetros..."*(fala 10), mas, quando a aluna responde, ainda fica a dúvida sobre qual unidade deve expressar a parte não inteira do número. Diante dessa dúvida, a professora de Artes aciona a pesquisadora, que era a autoridade matemática na sala naquele momento, e seria capaz de responder qual era a forma "correta", ou seja, matemática, de ler as dimensões do quadro.

Em que pese um pouco a artificialidade da discussão acima, sobre a leitura correta das dimensões do quadro, que pode ter sido provocada pela própria presença da pesquisadora/professora de Matemática na sala, consideramos que momentos como esses são boas oportunidades de abordar determinadas noções de Matemática em outros contextos. As noções matemáticas, ao ser abordadas no campo das Artes, por exemplo, adquirem outros significados relacionados ao contexto em que são utilizadas gerando uma aprendizagem situada da Matemática. Essa aprendizagem é fruto da percepção de *possibilidades e restrições de ações* em ambientes em que a Matemática ocupa um papel estruturador das práticas. Consideramos que essa possibilidade de aprendizagem da Matemática – fora de seu próprio campo, a exemplo do que aconteceu na conta de água, em que se fez articulação com o cotidiano assim como nessa atividade de Artes – amplia a aprendizagem Matemática do aluno, porque pode gerar novos significados para os conhecimentos.

A Atividade nessa aula de Artes não foi planejada para abordar nem o conceito matemático de medida ou de número racional, nem um tema específico, mas mostrou um grande potencial integrador de disciplinas. Acreditamos que, quando tais iniciativas tornam-se práticas recorrentes em sala de aula, pode-se desenvolver nos alunos uma atitude interdisciplinar. É essa capacidade de estabelecer naturalmente relações entre conceitos e áreas diferentes que chamamos atitude interdisciplinar, e ela fica claramente evidenciada nos episódios a seguir.

Nesse episódio, o quadro de Manet (1832-1883), que os alunos haviam estudado nas aulas de Artes e visto posteriormente numa exposição organizada pela professora de Artes, foi lembrado por um aluno numa produção de texto que ele fez na aula de Português. Ao ouvir o texto desse aluno, a professora de Português percebeu a possibilidade de introduzir a noção de paródia. Vejamos o episódio:

Episódio 2 – Introduzindo conteúdo novo: paródia
Aula de Português – dia 06/05/04 – registro em vídeo

A professora de Português, Rosângela, pede aos alunos que façam duplas para discutir a ida à exposição no Palácio das Artes[29] sobre as releituras dos clássicos feitas por Maurício de Souza com os personagens da turma da Mônica, organizada pela professora de Artes. Os alunos que não foram à exposição deveriam procurar os que foram, para estes relatarem toda a visita para o colega, e todos escreveriam um texto com o relato. Os alunos saíram em dupla para o pátio da escola e se espalharam para conversar. Depois de 20 minutos, retornaram à sala e começou a apresentação do texto do Fabiano, o primeiro que quis ler o relato.

1. Fabiano: "Fomos fazendo bagunça dentro do ônibus... quando chegamos lá, achamos que ir nesse lugar era só para rico e também

---

[29] Palácio das Artes é um grande teatro no centro de Belo Horizonte (MG), onde se realizam espetáculos teatrais, shows para públicos mais exigentes e exposições de artes.

um tédio, pois (tinha) um monte de regras bem nojentas como não mascar chicletes... não tocar em nada e essas coisas de lugar chic... também tinham várias coisas legais como... quadros de pintores franceses... italianos e outros... pessoas do mundo afora... tem um lugar onde estava a história em quadrinhos que era feita por Maurício de Souza... ele pintava... por exemplo, um quadro antigo de um menino que soltava bolhas de sabão que representou com seus personagens... esse quadro foi representado pelo Cascão pelo fato dele não gostar de tomar banho... enfim assim é o contrário da história em quadrinhos ((grifo nosso))...depois que saímos da galeria, fomos para um lugar onde vendia os livros e as peças feitas por Maurício de Souza...na volta foi mais algazarra ainda"...

Figura 12 – As bolhas de sabão, 1867. Manet (1832-1883)

Figura 13 – Cascão e as bolhas de sabão, 1999. Maurício de Souza

2. Rosângela: isso... foi justamente o Cascão, né?... porque ele tem aversão a banho... a água... então... paródia que o Maurício fez... foi fazer o quê?... paródia... que é você imitar de uma maneira cômica... uma obra... literária... uma obra clássica... se num dos quadros em que o coelhinho que vai servir numa aula de Anatomia... ele vai aparecer todo aberto lá... teria a mesma graça se fosse na verdade um outro personagem?... teria se não fosse o coelhinho?

3. Alunos: não...

4. Rosângela: não... por causa de que... Tereza?... por que não teria esse mesmo impacto?... principalmente... eu me lembrei dele agora que o Fabiano fez essa relação... por que não teria o mesmo impacto... ((grifo nosso))?

A partir do texto do aluno Fabiano, a professora introduziu a ideia de paródia, ajustando o relato do aluno ao discurso escolar mais acadêmico, quando definiu que paródia: "paródia, que é você imitar de uma maneira cômica uma obra literária, uma obra clássica" (fala 17). Em seguida, ela reforça a relação feita pelo aluno (fala 17) e aproveita para ampliar para outras situações, caracterizando as restrições e as possibilidades criadas no ambiente de discussão da visita à exposição. Os questionamentos e os comentários dos alunos configuraram-se como restrições e possibilidades no ambiente fazendo com que a professora percebesse a possibilidade de introduzir conteúdos novos, como a noção de paródia.

Ao escrever seu texto, o aluno Fabiano também faz uma leitura comparativa das obras, relacionando elementos estéticos comuns aos dois quadros comentados. Ler obras de arte já era uma habilidade que havia sido trabalhada nas aulas de Artes. O fato de o aluno ter escolhido essas duas obras entre várias outras para fazer o seu texto nos permite levantar a hipótese de que ele utilizou aprendizagens sobre essas obras, adquiridas nas aulas de Artes para perceber as intenções do Maurício de Souza ao produzir a paródia do quadro de Manet. Ele realiza a transferência de aprendizagem das aulas de Artes para a aula de Português, dando à professora a oportunidade de introduzir um conteúdo novo em um ambiente interdisciplinar.

O uso da noção de Perspectiva na produção artística e sua utilização em uma releitura do trabalho sobre a Água

Além dessa situação de produção de texto, os conteúdos das aulas de Artes, mesmo que não tenham composto propositalmente a discussão do tema Água, foram acionados pelos alunos para desenvolver algumas atividades sobre esse tema. Uma turma escolheu fazer uma peça teatral para conscientizar os jovens sobre o problema da escassez de água, constituindo a Atividade de produção de textos para conscientizar jovens. Para isso, eles produziram um texto, confeccionaram cartazes para o cenário, além de encenar a peça. Essas atividades demandaram que eles se sintonizassem para as possibilidades e as restrições no ambiente, que lhes permitiram reunir o maior número possível de habilidades de diferentes áreas. Esses alunos precisaram utilizar técnicas de desenho artístico e geométrico, organização de dados numéricos em diagramas, gráficos e tabelas para ilustrar os cartazes, além do gênero narrativo para construir o texto da peça. Eles aprenderam as técnicas de desenho e os gráficos e tabelas nas aulas de Artes e Matemática, respectivamente.

Como já foi mencionado, durante as aulas de Artes, os alunos estavam estudando a arte de produzir grafites e desenvolvendo habilidades de leitura de obras clássicas. Os temas relacionados a essas aulas não faziam parte do estudo da Água, mas os alunos participavam de atividades de aprendizagem de desenhar grafites em situações escolares, em que aprendiam técnicas de desenho que, vão utilizar mais tarde em situações relacionadas com esse tema, como veremos.

Segue um trecho de uma aula de Artes em que os alunos estão estudando noções de perspectivas e técnicas de desenho, a partir dos grafites famosos que eles viram em outra exposição de artes.

Episódio 1 – Noção de perspectiva
Aula de Artes – 04/05/04 –Professora Adelma – Registro em vídeo

8. Adelma: gente... olha só... essa lâmina aqui em relação a uma das telas que estavam em exposição no museu Abílio Barreto...30

9. Aluno: eu vi...

10. Adelma: eu gostaria que vocês prestassem atenção em algumas coisas... aqui nós temos um homenzinho na figura...aqui começa esse ( ) que dá ideia de profundidade... não ( )...

11. Adelma: gente geralmente... de uma forma geral...

---

[30] O Museu Histórico Abílio Barreto foi fundado em 1943 e localiza-se em Belo Horizonte. Seu acervo é composto de um conjunto de itens que visa retratar o sentido e a trajetória da cidade e seus cidadãos.

(...)
((Coloca no retroprojetor uma lâmina com carros numa estrada e um homem segurando um volante))
(...)

43. Adelma: olha só... esse quadrado foi utilizado (...) essas linhas convergem para onde?... esse prédio aqui... ele é maior do que esse... à medida que os objetos vão afastando... eles vão ficando o quê?... maior ou menor...
44. Alunos: menor...
45. Adelma: ele usou carro maior e um carro menor... ele conseguiu dar a impressão de profundidade?
46. Alunos: conseguiu...
47. Adelma: conseguiu... essa abertura aqui... ela tem o mesmo tamanho em relação a esta aqui?
48. Alunos: não...
49. Adelma: não... então ( )
(...)
50. Adelma: olha só na hora de representar... tem que ter esse cuidado... se quero um objeto perto de mim... eu o represento de tamanho maior... e o objeto que está indicando distância ele vai ficar de tamanho menor... isso é uma preocupação espacial de... na representação... olha só essa imagem... ((mostra uma imagem cheia de figuras)).

Em outro momento, duas alunas fazem a leitura de um desenho produzido para um trabalho de Geografia, utilizando as noções de perspectiva e leitura de planos numa obra de Arte aprendidos nas aulas de Artes. Vejamos um trecho da aula de Artes e, em seguida, o comentário das alunas sobre o desenho produzido por elas para o trabalho de Geografia.

Episódio 2 – Noção de perspectiva e planos de uma obra de arte e sua utilização em uma releitura de um trabalho de Geografia sobre a Água.

Trecho da aula do dia 06/05/04, projetada para as alunas em vídeo durante a entrevista do dia 08/07/04, que foi gravada em cassete.

Figura 14 – O Quarto de Vicent em Arles, 1888
Vicent van Gogh (1853-1890) (Óleo sobre tela, 72x90cm.
Van Gogh Museum, Amsterdã, Holanda.)

5. Adelma: aqui, basicamente eu queria que vocês prestassem atenção na perspectiva que está presente nessa obra... olha só... a distribuição do espaço... isso aqui é um espaço... o quê?
6. Alunos: cheio...
7. Tereza: o chão não é não... o chão é um espaço (vazio)...
8. Adelma: há uma semelhança com o nosso espaço... em que sentido... há uma preocupação do artista em criar esse espaço e situar os elementos nesse espaço...
9. Alunos: (...)
10. Adelma: como ele fez... montou essas formas... nós sabemos o quê?... o nosso olhar (ilusão)... nós temos... os objetos que estão distantes eles são o quê?
11. Alunos: menores...
12. Adelma: e os que estão bem pertinho de nós...
13. Alunos: maiores...
14. Adelma: isso porque o nosso ângulo aqui vai o quê?
15. Alunos/Adelma: fechando... ((professora explica mostrando o desenho de um olho que fez no quadro))
(...)

32. Adelma: gente essa cadeira aqui está o quê?
33. Alunos: menor...
34. Tereza: professora... porque não dá a impressão que o quarto faz isso?((mostra com as mãos as linhas do quarto convergindo))... o quarto está assim... fazer a cadeira menor foi o jeito que ele achou para mostrar que a cadeira está longe?
35. Adelma: é um dos recursos... olhe aqui... ele não foi infinitamente... por que o quarto ele é também o quê?
36. Alunos: pequeno.
37. Adelma: ele é pequeno.
38. Adelma: se ele cria essa linha((mostra no desenho)) é que se ele fez um corte... ele entrou o quê?... essa linha horizontal dando esse corte.
39. Tereza: ele podia ter feito essa linha só um pouquinho...
40. Adelma: é... são recursos...
41. Joaquim: (gente é a ideia do pintor)
42. Adelma: gente olha só... ele enfatiza essa distância através dessa (haste) aqui... essa aqui ((mostra as cabeceiras da cama))... perfeito... agora nessa distribuição o que está perto de nós vai ficar:: gente eu já ( ) primeiro plano?
43. Alunos: já...
44. Neusa: ( )cadeira e na cama?
45. Alunos: plano...
46. Adelma: aqui esses elementos que estão um pouquinho distantes... que você fechou com uma linha horizontal...
47. Alunos: segundo...
48. Adelma: e aqui nós temos o quê?((mostra a última linha da obra onde estão as cadeiras menores e a cabeceira da cama))
49. Alunos: terceiro...
50. [
51. Alunos: fundo...
    ((alguns alunos falam que é o terceiro plano e outros que é o fundo))
52. Sônia: é por causa da roupa e da parede...
53. Adelma: não tudo isso aqui está junto na parede...

54. Neusa: então só tem dois planos?
55. Adelma: aí se a janela tivesse aberta caracterizando alguma coisa lá atrás... caracterizaria aí... essa parede seria um terceiro plano e o que está lá atrás o fundo...

Vejamos agora o desenho produzido pelas alunas para apresentar um trabalho de Geografia sobre a Água, no qual deveriam apresentar uma proposta para o tratamento da água. O trabalho que seria submetido a uma avaliação por um grupo de jurados (colegas), que faziam o papel de representantes de diferentes países para avaliar as medidas para resolver os problemas da água no mundo. O grupo dessas alunas tinha de apresentar propostas para resolver o problema da água na América do Sul. Uma proposta consistia em criar estações de tratamento de água segundo o modelo utilizado pela Copasa.

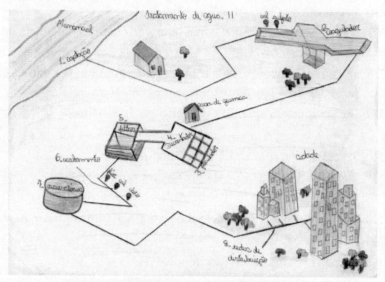

Figura 15 – Desenho da aluna Dayse sobre
o processo de Tratamento de Água II

Da entrevista com Dayse e Tereza (08/07/04 – gravada em cassete) extraímos o diálogo seguinte que ocorreu após ter sido feita a retomada das noções discutidas na aula de Artes sobre o quadro de Van Gogh:

230. V: agora aqui... quem desenhou isso? ((desenho do Tratamento de Água II)) quando você desenhou isso... você desenhou a mão livre... colocou em cima e foi tirando?

231. Dayse: coloquei do lado e fui... ficou diferente... igual só que não está perfeito igual lá...

232. V: tá...

233. Dayse: mas... se eu fosse fazer... não ia ficar::... igual...

234. V: você poderia dizer que você fez uma <u>releitura</u> ((grifo nosso)) do que você tinha lá do lado?

235. Dayse: é... <u>uma releitura é... só que mais do meu jeito</u> ((grifo nosso))... se eu fosse fazer esse prédio... – como eu não tenho muita noção de artística ainda – eu ia fazer ele de frente todinho de frente para mim... com as janelinhas...de frente... não ia mostrar esse em cima dele...

236. V: por que você mostrou?

237. Dayse: porque eu copiei... mas agora eu já tenho uma ideia de cima... (...)

238. V: essa ideia... você acha que tem agora... por quê? por que agora... você diz: "agora eu tenho e antes eu não tinha"...

239. Dayse: agora eu aprendi a desenhar...

[

240. Tereza: ela (...) por causa dessa releitura...

241. Dayse: <u>é da explicação da professora também... sobre a Arte</u> ((grifo nosso))... ela me deu uma ideia como eu vou fazer para(...)

242. V: quando você fez esse desenho... você não tinha tido isso não?

243. Dayse: tinha... mas...

244. V: mas não tinha prestado atenção?

245. Dayse: é...

246. Tereza: não... é basicamente porque a gente fez... os desenhos todos em cima da hora... não ia ter desenhos... entendeu?... aí quando falou ((os jurados))... a gente não ia ter feito propostas... mas aí quando falou que tinha que fazer esse tipo de proposta... aí que todo mundo correu para o mapa... eu não fiz desenho... Cássia se encarregou de fazer um né... Dayse?...

247. Tereza: não... eu fiz um... um desenho que era daquele da chaleira lá do... não... esse foi Dayse que desenhou assim...mais ou menos...
248. V: então... quer dizer... quando você olha para isso aqui ((desenho acima))... todos os desenhos estão num plano só?
249. Dayse: não... primeiro plano esses dois aqui((desenho do Tratamento de Água II))... vem em segundo plano... terceiro plano... quarto plano... quinto plano... sexto plano e sétimo plano... e o fundo... que está por cima...
250. V:então... por exemplo aqui... esse primeiro conjunto de prédios seria o primeiro plano junto com essas árvores aqui...
251. Dayse: isso...
252. V: o segundo...[
253. Dayse: seria o reservatório com esse outro conjunto de prédios...
254. V: o terceiro plano...
255. Dayse: seria esse filtro com (decantador)... depois a casa de química... depois vêm as árvores aqui... depois o coagulador...
256. V: então vocês acabaram fazendo uma releitura aqui no trabalho de Geografia... mas na hora que vocês estavam fazendo isso... não estavam pensando nisso... não?
257. Tereza/Dayse: não...

(...)

268. V: se fosse pensar assim... em nível de complexidade de desenho... agora que vocês estão *experts* em desenhos ...esse aqui seria um desenho mais elaborado?
269. Dayse: a gente fez esse também... porque a manancial é bem mais longe que a cidade...
270. Tereza: e outra coisa... isso aqui está dando a ideia de distância... essas coisas... mas a professora fala também que a gente tem que estar fazendo (o possível)... eh:: o primeiro plano é sempre maior que o segundo... o segundo é sempre maior... vai ser sempre maior do que o terceiro... e assim vai...
271. Dayse: mas aqui a gente não sabe se está maior... porque a gente não sabe o tamanho que é o filtro que eu... não tenho as medidas certas...

272. Tereza: exatamente... é... que lá não estava com as medidas... então assim... não está um desenho perfeito... mas a gente não tem uma noção... para ver como é feito assim...

273. V: então... quer dizer que estes planos... que quando vocês fazem a leitura de uma obra com os planos... esses planos lá... da professora de Arte explicou... ele tem tamanho?

274. Dayse/Tereza: é...

275. V: um plano é maior do que o outro?... agora... então isso aqui seria uma releitura... então vocês acham que aqui vocês estariam aplicando aquelas técnicas que aprenderam lá...

276. Dayse: totalmente... toda aquela aula que ela explicou daria para inserir aqui... os planos... as linhas... a impressão das... a ilusão de ótica...

A figura acima, que elas estavam comentando, é a releitura feita pelas alunas de um folheto da Copasa, que descreve o processo de Tratamento de Água. Ao explicar a produção do desenho, elas esclarecem os conhecimentos que mobilizaram para realizar suas ações e onde buscaram esses conhecimentos.

Como se vê no relato acima, as alunas Dayse e Tereza reconhecem nas aprendizagens das aulas de Artes as possibilidades e as restrições que se apresentam relevantes para desenhar o *layout* do projeto de Tratamento de Água II. Elas são capazes de explicar os desenhos usando o que aprenderam ao participar da aula em que estudaram noções de perspectiva e planos no quadro de Van Gogh. As alunas concordam que fizeram uma releitura do panfleto da Copasa nos moldes do que foram orientadas a fazer nas aulas de Artes e esclarecem as especificidades dessa releitura.

Na produção do desenho, as alunas reúnem aprendizagens sobre técnicas de leitura de obras de Arte, perspectiva e tipos e gêneros textuais, realizando transferências de aprendizagem. São aprendizagens que envolveram a apropriação do discurso constitutivo da leitura do texto artístico. O esforço de integração de conhecimentos de diferentes áreas é feito pelas próprias alunas. Configura-se, assim, mais uma forma de interdisciplinaridade em sala de aula, que passa despercebida pelas professoras das disciplinas envolvidas.

Percebe-se a influência das aulas de Artes nos trabalhos desenvolvidos para o tema Água. Os alunos utilizam o que aprenderam sobre grafite (Fig. 16) e outras noções de Artes ao produzir um cartaz para o texto da Atividade, desenvolvida na disciplina Português (Figs. 8 e 9, p. 94 e 95).

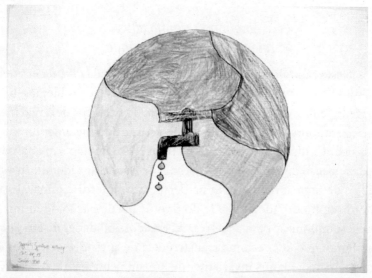

Figura 16 – Cartaz (Grafite) do aluno Pompeu (706) para o cenário do teatro

Os cartazes produzidos pelos alunos para o cenário do teatro podem ser vistos como artefatos de mediação de linguagens para conscientizar os jovens para o problema da falta de água. Eles usaram nos cartazes as técnicas de desenho que também estavam sendo estudadas nas aulas de Artes. O mesmo pode ser percebido nos desenhos feitos pelas alunas Dayse e Tereza para o trabalho de Geografia (Fig. 15). Os alunos, ao participar das atividades de Português e Geografia, ficam sintonizados para as possibilidades e as restrições de ações nessas Atividades que os remetem a possibilidades e às restrições percebidas em outras Atividades de que estão participando ou já participaram. Nesse caso, no momento de decidir sobre suas ações para realização da Atividade em curso, os alunos se remetem às aulas de Artes e identificam possibilidades e restrições que são invariantes nas duas Atividades. A percepção dessas invariantes torna-se facilitada porque os alunos estão envolvidos em uma Atividade cujo objeto (Água) não se fecha em uma única área de conhecimento. Podemos perceber pela atividade dos alunos o potencial do tema para criar situações escolares, culminando em práticas interdisciplinares.

Ampliando significados relacionados ao tema Água

Neste capítulo apresentamos situações em sala de aula em que o aluno demonstra como estabelece conexões entre problemas, linguagens, temas, disciplinas, conceitos quando participa de atividades que estruturam práticas de diferentes áreas de conhecimentos voltadas para a discussão de um tema transversal ou não. Ao analisar a participação dos alunos nessas atividades, podemos identificar aspectos de uma aprendizagem na perspectiva interdisciplinar. Essa interdisciplinaridade depende do tipo de participação do aluno e de ele se sintonizar para as restrições e as possibilidades de ação em ambientes que favoreçam a transferência de aprendizagem, isto é, que preservem alguns invariantes de um ambiente para o outro. As restrições percebidas no ambiente pelos alunos são pré-condições para eles perceberem as possibilidades de ação e fazer transferência de aprendizagem de uma situação para outra. Vimos exemplos que acreditamos que justificam por que defendemos que a interdisciplinaridade deve ser analisada da perspectiva do *sujeito-em-ação* em sala de aula.

Ao analisar a entrevista com Gerson e José, de 09/07/04, percebemos que houve uma ampliação de significados de conceitos de várias disciplinas resultante da discussão do tema Água. Eles colocaram a percepção que tiveram dos trabalhos de Português e Geografia identificando que existem diferentes possibilidades quanto à forma dos textos e aos conhecimentos a ser reunidos para a sua produção, de acordo com a situação e o que se deseja expressar:

225. Gerson: nesse trabalho ((da produção de português)) teve três formas de texto... o texto teatral... foi a peça de teatro:... o de desenho... e escrito que foi feito pelo teatro...

(...)

229. V: para fazer um tipo de texto aqui ((layout de propostas))... além de saber alguma coisa sobre a água... alguma coisa de Geografia:: o clima esse tipo de coisa... vocês ainda tinham que saber mais o quê?

230. Gerson: é... desenhar...

231. V: e para desenhar?

232. José: conhecimentos de Geometria...

233. V: só?

234. José: além do que a professora passa, você já tem aquele conhecimento... por exemplo... numa aula de Português... que para você fazer um cartaz na hora ((no momento imediato na aula))... você tem que usufruir do que você aprendeu nas aulas de desenhar... agora se for um trabalho de pesquisa aí você vai... além do que você já sabe ((do que sabe das aulas de desenhar))... você vai procurar saber mais... então você vai poder fazer um trabalho bem melhor do que você poderia fazer dentro da sala ((grifo nosso)).

Em outra entrevista, em 08/07/04, Tereza e Dayse apresentam sua percepção geral sobre a aprendizagem resultante do estudo do tema Água.

356. V: como vocês avaliam esse trabalho não só o trabalho de Geografia... mas esse estudo sobre a água que vocês fizeram durante esse primeiro semestre...

357. Dayse: valeu muito para gente... sabe...

358. Tereza: a importância da água...

359. Dayse: pode explicar para os outros... igual eu expliquei isso para minha mãe... e ela não sabia que existia esse processo de tirar sal da água... agora ela está sabendo por causa que a gente pesquisou... a gente pode levar... não ficar com esse conhecimento só para a gente...

360. Tereza: é isso... sair espalhando ele... isso aí foi um modo de conscientização... esse estudo que a gente fez para mim valeu DEMAIS... muita coisa que eu não sabia eu passei a estar sabendo... aprendendo... e assim serviu muito de conscientização para mim... porque eu não tinha noção que era tão...

361. Dayse: grave...
362. Tereza: grave... é eu pensava assim... oh::... tem água aí... o tanto que sai água aí...
363. Dayse: tem muita água
364. Tereza: entendeu?... mas a realidade não é essa... é que a água está acabando MESMO e se o homem não se cuidar...
365. Dayse: vai ter...
366. Tereza: é a nossa raça que está entrando em extinção...
367. V: agora só uma coisa... e para as aulas?... para as disciplinas... vocês perceberam alguma diferença nas aulas a partir do momento que passaram a discutir essa questão da água?... diferença na forma... no jeito de lidar com os professores...
368. Dayse: cada professor coloca esse tema na sua devida matéria... a diferença que eu... todas falam que vão conscientizar... mas cada uma usa o seu jeito na sua disciplina... Matemática usou para a gente dividir quanto que a gente gasta de água...
369. Tereza: para olhar quanto de água ainda tinha... Português foi uma produção de texto e...
370. Dayse: procurar texto e colar para a gente poder ler nas aulas.
371. V: vocês já tiveram trabalhos sobre esse tipo aqui na escola?
372. Tereza: não... para mim acho que foi a primeira vez...
373. Dayse: sobre um só assunto em todas as matérias foi... mas a gente fez outros trabalhos aprofundados... mas não envolvidos em todas as matérias.

Capítulo V
Implicações para a prática docente

Deve-se ressaltar que, embora os alunos estejam conscientes dessas aprendizagens resultantes das interações entre as disciplinas, não fica claro em que medida os professores envolvidos nas atividades que oportunizaram essas aprendizagens tomaram conhecimento delas, no próprio momento em que as atividades estavam acontecendo, ou se só as perceberam quando discutimos o trabalho com eles. Como vimos, para que uma atividade se configure como interdisciplinar, é necessário que as algumas *restrições e possibilidades de ações* inerentes aos ambientes nela envolvidos sejam percebidas como invariantes e relevantes pelos alunos. Em atividades como a Atividade Interdisciplinar Água, o aluno pode perceber algumas *possibilidades e restrições de ações* em situações que se desenvolvem em práticas diferentes e, fazendo transferência de aprendizagem, recontextualizar essas possibilidades e restrições em outros ambientes. Isso caracteriza uma aprendizagem interdisciplinar.

Boaler (2002) mostra que, quando os alunos são envolvidos em práticas matemáticas mais abertas e diversificadas, em que são encorajados a desenvolver suas próprias ideias eles desenvolvem um relacionamento mais produtivo com a Matemática. Tornam-se aptos a usar a Matemática em situações diferentes fazendo transferência de aprendizagem de uma situação para outra. Essa capacidade está relacionada não somente ao fato de terem compreendido os métodos matemáticos que lhes foram apresentados, ao fato de as práticas nas quais eles se envolvem em sala de aula de Matemática estavam presentes em diferentes situações.

A forma como a Atividade Interdisciplinar Água foi desenvolvida pelos alunos e pelas professoras permitiu aos alunos um tipo de participação que não se resumia à simples recepção e reprodução de métodos ou informações transmitidas pelos professores. A organização dos conteúdos em torno do tema possibilitou a alguns alunos estabelecer um relacionamento positivo com a Matemática, gerando aprendizagem. Os alunos se sentiram mais livres para agir interferindo nos enunciados dos problemas, criando dados, propondo variações nas situações apresentadas e usando a Matemática para explicar ou criar argumentos para fenômenos da sua própria vida. Os alunos demonstraram ter mais poder de ação quando participaram da Atividade Interdisciplinar Água e de outras que foram desenvolvidas paralelamente em relação às outras antes da introdução do tema Água. Durante o trabalho com o tema Água os alunos passaram a questionar os dados dos problemas de Matemática propondo soluções alternativas, utilizaram a Matemática para criar argumentos para textos em outras disciplinas, desenvolveram seus próprios métodos para resolver os problemas e passaram a enxergar outros aspectos da regra de três, ampliando significados.

O trabalho com o tema Água em várias disciplinas foi desenvolvido de modo a criar um ambiente que deu mais poder de ação aos alunos e resultou na capacidade dos alunos de transferir métodos, formas de participação, linguagens e aprendizagem de uma disciplina para outra, promovendo o que Boaler (2002) chama de *dance of agency*, mudança de poder de ação dos alunos, resultante da interação do poder de ação do próprio aluno com o poder de ação inerente à própria disciplina escolar. Quando a atividade está inserida no mesmo domínio disciplinar, algumas *possibilidades e restrições de ações*, quando percebidas como invariantes de uma situação para outra, ficam bem definidas pela própria natureza da disciplina, porque são definidas na tensão entre o poder de ação das pessoas (*agency*) e o poder de ação de uma única disciplina (*agency of the discipline*) em que a atividade é desenvolvida.

No entanto, quando tomamos uma atividade que se configura pelo rompimento das barreiras disciplinares do currículo, por parte dos alunos, como no caso da Atividade Interdisciplinar Água, as especificidades das disciplinas ficam atenuadas, criando condições para eles perceberem um leque maior de *possibilidades e/ou restrições* de ações, o que pode resultar numa ampliação de significados ainda maior. Para perceber essas possibilidades e restrições, o aluno deve agir na tensão entre o seu poder de ação e o poder de ação das várias disciplinas envolvidas, e não mais de uma única disciplina. Como a organização do currículo escolar é disciplinar, isso dificulta o aluno estar constantemente sintonizado para as restrições e possibilidades de todos os ambientes disciplinares, tornando-o capaz de perceber invariantes que sejam relevantes para as atividades em curso nas diferentes disciplinas, culminando no cruzamento de fronteiras disciplinares.[31]

O que a discussão e a análise da Atividade Interdisciplinar Água indicam é que algumas atividades, como a Atividade dos problemas de Matemática sobre a água, que se desenvolvem nas fronteiras das disciplinas, facilitam a transferência de aprendizagem. São atividades que propositalmente traduzem situações do cotidiano para uma linguagem escolar e facilitam a percepção de invariantes que resulta em transferência de aprendizagens. Nessas atividades os alunos desenvolvem um relacionamento positivo com a Matemática já que elas lhes permitem ampliar suas formas de participação nas atividades escolares, mais integradas com suas realidades pessoais.

A participação dos alunos na Atividade Interdisciplinar Água confirma que o relacionamento do estudante com a Matemática é desenvolvido a partir das práticas pedagógicas nas quais ele se envolve, de modo que ele constrói uma identidade na prática. Ela ainda enfatiza que "alunos que têm a oportunidade de participar de práticas propondo teorias, fazendo críticas de outras ideias e sugerindo direções para resolver os problemas, adquirem mais poder de ação ou organização (*agency*) do que aqueles que não são submetidos a isso" (BOALER, 2002, p. 46). Na Atividade de resolução de problemas matemáticos sobre água, os alunos não só desenvolveram habilidades para agir criticamente dentro da organização disciplinar, ao utilizar

---

[31] *Boundary-across activity* usado com sentido de cruzamento de fronteiras entre atividades.

a regra de três no formato que aprenderam na escola e reconhecê-la como tal, como também tiveram maior disposição para usar essas habilidades para discutir as dicas de economia do quadro da revista *Isto É*, como ficou evidenciado na tentativa das alunas Cássia e Sônia, que discutiram uma forma mais eficaz de reduzir o consumo de água, ao escovar dentes usando um copo de água. A disposição para usar a Matemática nas diferentes situações ou atividades é um reflexo do fato de os alunos terem desenvolvido um relacionamento positivo e ativo com a Matemática.

Assim, o que caracteriza o trabalho do tema Água como uma Atividade Interdisciplinar é a mudança de poder de ação (*dance of agency*) dos alunos ao participarem de diferentes Atividades. Essa mudança fica evidenciada quando os alunos criam ou questionam métodos de resolução da regra de três e adotando ou adaptando aos métodos escolares seus próprios métodos, quando transferem aprendizagem de uma situação inicial para uma situação atual, identificando na primeira invariantes que são relevantes para participar na segunda – usam o quadro da revista *Isto É* para construir argumentos para o texto de Português, as técnicas de desenho para montar o esquema do trabalho de Geografia – mostrando ter adquirido habilidades relacionadas à Matemática e a disposição de usar essas habilidades em outros contextos.

Consideramos que os alunos fazem transferência na perspectiva de aprendizagem que está sendo adotada aqui, que é a perspectiva situada, porque observamos o desenvolvimento de uma prática social e histórica, em transformação, que ocorreu por um processo de recontextualização de métodos de resolução de problema e produção textos, e não um movimento de utilização de um conhecimento abstrato e descontextualizado sendo aplicado em um amplo conjunto de situações.

A aprendizagem na Atividade Interdisciplinar Água caracterizou-se, portanto, pela ampliação de significados da noção de regra de três e porcentagem, da identificação e da produção de diferentes tipos e gêneros textuais, da utilização de dados e informações para elaborar argumentos, da elaboração de projetos para exposição dos argumentos, da capacidade de fazer transferência de aprendizagem de uma situação para outra dentro da própria Matemática e entre situações de disciplinas diferentes e por ter possibilitado o desenvolvimento um relacionamento positivo e ativo com a Matemática.

Nos casos em que a transferência de aprendizagem ocorreu por forte mediação do professor, foram evidenciadas algumas atividades ou tipos de problemas que favorecem mais do que outras a transferência de aprendizagem, como os problemas de Matemática sobre a água com características mais escolares. Isto é, esse tipo de problemas facilitou estabelecer sintonias para as possibilidades e as restrições percebidas como invariantes no interior e/ou nas fronteiras das atividades da conta de água e dos problemas de regra de três e porcentagem (Fig. 10).

Como mostramos nas atividades descritas neste texto, a forma de organização dos conteúdos a partir do tema Água, gerou tipos de práticas que possibilitaram um ambiente favorável à participação mais ativa do aluno em práticas de transferência de aprendizagem e proporcionando trocas entre o poder de ação do aluno e o poder de ação próprio de cada disciplina escolar. Assim, algumas iniciativas, quando conjugadas, e adotadas pelo o professor podem criar condições para que ocorra aprendizagem por meio de transferência e concretizar atividades interdisciplinares em sala de aula:

– organizar propostas de ensino da Matemática articuladas a outras disciplinas na forma de tematização, projetos ou situações-problema;

– utilizar determinados tipos de problemas para desenvolver o trabalho com temas que traduzem para a linguagem da Matemática escolar situações do cotidiano relacionadas ao mesmo tema.

Ter um "bom" projeto ou um "bom" tema pode não ser o suficiente para desenvolver um trabalho de articulação entre as disciplinas que culmine na interdisciplinaridade. Para que isso ocorra, ressalta-se o papel fundamental das ações desenvolvidas, que devem incluir atividades que façam a tradução das situações do cotidiano relacionadas ao tema para a linguagem da Matemática escolar, como se fez na Atividade dos problemas de Matemática sobre a Água.

Por outro lado, algumas situações de sala de aula que ocorrem esporadicamente também podem ser caracterizadas como atividades interdisciplinares, mas muitas vezes não são reconhecidas como tal, fruto talvez da própria forma de organização do currículo e divisão do trabalho escolar, que dificultam uma prática mais sistemática de transferência de aprendizagem pelos alunos. Para que essas situações possam ser mais bem aproveitadas o professor deve: ficar atento e aproveitar oportunidades no decorrer das discussões em sala de aula para chamar a atenção do aluno para possíveis relações entre conhecimentos das diferentes disciplinas escolares.

Reconhecemos que principalmente esta última iniciativa sugerida ao professor depende de existir em sala de aula, permanentemente um ambiente que permita ao aluno fazer relações com outras aprendizagens, porque as oportunidades de mostrar as relações ocorrem, em geral, em situações não planejadas. Mas muitas vezes os próprios professores, no momento da aula, não identificam invariantes entre uma situação e outra ou não consideram conceitos e procedimentos de outros campos relevantes para a sua disciplina. Como vimos nos capítulos anteriores, são situações que precisam ser percebidas pelo professor no decorrer da aula e que podem ser originadas por uma pergunta de um aluno, pela presença de uma outra pessoa em sala de aula (pesquisador) ou no momento de utilizar a linguagem da Matemática e artefatos de mediação para esclarecer noções de outras áreas.

A interlocução entre os professores das diversas disciplinas poderia ser um caminho para o desenvolvimento de ações sistemáticas de levantar aspectos comuns de sua prática com a de outro professor que trabalha com o mesmo grupo de alunos como uma alternativa para potencializar as oportunidades de interdisciplinaridade em sala de aula. A exploração das articulações esporádicas que são feitas tanto pelos professores quanto pelos alunos deve ser incorporada como uma prática escolar mais sistemática.

Referências

ALRØ, A; SKOVSMOSE, O. *Diálogo e aprendizagem em educação matemática*. Belo Horizonte: Autêntica, 2006 (Coleção Tendências em Educação Matemática).

BARATA-MOURA, J. *Prática: para uma aclaração do seu sentido como categoria filosófica*. Lisboa: Colibri, 1994. v. 4 citado por SANTOS, M. P. *Encontros e esperas com os Ardinas de Cabo Verde:* aprendizagem e participação numa prática social. Tese (Doutorado em Educação) – Universidade de Lisboa, Portugal, 2004. Disponível em: <http://madalenapintosantos.googlepages.com/>. Acesso em: 26 jan. 2007.

BARBOSA, Jonei Cerqueira. *Modelagem Matemática: concepções e experiências de futuros professores*. 2001. Tese. (Doutorado em Educação Matemática. Ensino e Aprendizagem da Matemática e seus Fundamentos Filosófico-Científicos) – Instituto de Geociências e Ciências Exatas, UNESP, Rio Claro, 2001.

BARREIROS, J. *Percepção e acção: perspectivas teóricas e as questões do desenvolvimento e da aprendizagem*. Disponível em <http://www.fmh.utl.pt/Cmotricidade/dm/textosjb/texto_7.pdf>. Acesso em: fev. 2007.

BATESON, G. *Steps to an ecology of mind*. New York: Ballantine, 1973.

BELO HORIZONTE.PREFEITURA MUNICIPAL. *Escola Plural: rede Municipal de Educação de Belo Horizonte*. Belo Horizonte: PBH, out.1994. (Documento 1).

BOALER, J. The Development of Disciplinary Relationships: Knowledge, Practice and Identity in Mathematics Classrooms. *For the Learning of Mathematics*, v. 22, n. 1, p. 42-47, 2002.

BOALER, J.; GREENO, J. G. Identity, Agency, and Knowing in Mathematics Worlds. In: BOALER, J. (Ed.). *Multiple Perspectives on Mathematics Teaching and Learning. International Perspectives on Mathematics Education*. London: Ablex Publishing, 2000. p. 171-200.

BORBA, M.; SKOVSMOSE, O. The ideology of certainty in Mathematics Education. For the *Learning of Mathemtatics*, 17 (3), 1997, 17-23.

BORBA, Marcelo C.; PENTEADO, Miriam G. *Informática e educação matemática*. Belo Horizonte: Autêntica, 2001. (Coleção Tendências em Educação Matemática).

BRASIL, Secretaria de Educação Fundamental. *Parâmetros curriculares nacionais: matemática*. Brasília: MEC/SEF, 1998a.

BRASIL, Secretaria de Educação Fundamental. *Parâmetros curriculares nacionais: temas transversais*. Brasília: MEC/SEF, 1998b.

BRASIL, Secretaria de Ensino Médio. *Parâmetros curriculares nacionais do ensino médio: matemática*. Brasília: MEC/SEB, 1999.

BRASIL, Secretaria de Educação Básica. *Guia do livro didático: matemática*. Brasília: MEC/SEB, 2007.

BRILHANT-MILLS, H. Becoming a Mathematician: Building a Situated Definition of Mathematics. In: *Linguistics and Educational*, v. 6, n. 1, p. 301-334, 1994.

CHRONAKI, A.; CHRISTIANSEN, I. M. *Challenging perspectives on mathematics classroom communication*. Greenwich, Connecticut: Information Age Publishing, 2005. p. 3-45.

COBB, P. From Representations to Symbolizing: introductory comments on semiotics and mathematical learning. In: COBB, P.; YACKEL, E.; McCLAIN, K. (Ed.). *Symbolizing and Communicating in Mathematics Classrooms: perspectives on discourse, tools, and instructional design*. Mahwah, New Jersey: Lawrence Erlbaum, 2000a. p. 17-36.

COLE, M. Cultural psychology: some general principles and a concrete example. In: ENGESTRÖM, Y.; MIETTINEN, R.; PUNAMAKI, R-L. (Ed.). *Perspectives on activity theory: learning in doing: social, cognitive, and computational perspectives*. Cambridge: Cambridge University Press, 1999. p. 87-106.

CORMIER, M. S.; HAGMAN, J. D. (Ed.). *Transfer of Learning: contemporary Research and Applications*. London: Academic Press, 1987.

D'AMBRÓSIO, U. *Etnomatemática. Elo entre as tradições e a modernidade*. Belo Horizonte: Autêntica, 2002. (Coleção Tendências em Educação Matemática)

D'AMBRÓSIO, U. A relevância do projeto Indicador Nacional de Alfabetismo Funcional – INAF como critério de avaliação da qualidade do ensino de matemática. In: FONSECA, M.C.F.R(org.), *Letramento no Brasil. Habilidades matemáticas*. São Paulo: Global: Instituto Paulo Montenegro, 2004, p. 31-46.

DAVID, M.M.; WATSON, A. Participating in what? Using situated cognition theory to illuminate differences in classroom practices. In: WATSON, A; WINBOURNE, P.(ed). *New Directions for Situated Cognition in Mathematics Education*. 1 ed. New York: Springer, 2008, p. 31-57.

DAVID, M.M.; LOPES, M.P. Formas de revelar as diferentes aprendizagens que ocorrem em salas de aula de matemática. In: *Atas do III SIPEM – Seminário Internacional em Educação Matemática*. Águas de Lindóia, SP. CD ROM (13p), 2006.

DAVYDOV, V. V. The Content and unsolved problems of activity theory. In: ENGESTRÖM, Y.; MIETTINEN, R.; PUNAMAKI, R-L. (Ed.). *Perspectives on activity theory: learning in doing: social, cognitive, and computational perspectives.* Cambridge: Cambridge University Press, 1999. p. 39-52.

DETTERMAN, D. K. The case for the prosecution: transfer as an Epiphenomenon. In: DETTERMAN, D. K.; STERNBERG, R. J. (Ed.). *Transfer on Trial: intelligence, Cognition, and Instruction.* Norwood, New Jersey: Ablex, 1993. p. 1-24.

ENGESTRÖM, Y. Developmental studies of work as a testbench of activity theory: the case of primary care medical practice. In: CHAIKLIN, S.; LAVE, J. (Ed.). *Understanding practice: perspectives on activity and context.* Cambridge: Cambridge University Press, 1993. p. 64-103.

ENGESTRÖM, Y. Activity theory and individual and social transformation. In: ENGESTRÖM, Y.; MIETTINEN, R.; PUNAMAKI, R-L. (Ed.). *Perspectives on activity theory: learning in doing: social, cognitive, and computational perspectives.* Cambridge: Cambridge University Press, 1999. p. 19-38.

FALCÃO, J.T.R. *Psicologia da educação matemática.* Belo Horizonte: Autêntica, 2003. (Coleção Tendências em Educação Matemática)

FONSECA, M.C.F.R (Org.) *Letramento no Brasil. Habilidades Matemáticas.* São Paulo: Global: Instituto Paulo Montenegro, 2004.

FREIRE, P. *Pedagogia do oprimido.* Rio de Janeiro: Paz e Terra, 1972.

GIBSON, J. J. The visual perception of objective motion and subjective movement. *Psychological Review*, v. 61, p. 304-314, 1954 citado por GREENO, J. G. Gibson's affordances. *Psychological Review*, v. 101, n. 2, p. 336-342, 1994.

GIBSON, J. J. What is perceived? Notes for a reclassification of the visible properties of the environment. 1967. Disponível em: <http://www.huwi.org/gibson/reclassification.php>. Acesso em: 29 jan. 2006.

GIBSON, J. J. A preliminary description and classification of affordances. 1971a. Disponível em: <http://www.huwi.org/gibson/prelim.php>. Acesso em: 29 jan. 2006.

GIBSON, J. J. More on affordances. 1971b. Disponível em: <http://www.huwi.org/gibson/moreaff.php>. Acesso em: 29 jan. 2006.

GIBSON, J. J.; GIBSON, E. J. Perceptual learning: differentiation or enrichment? *Americana*, n. 2, p. 83-94, 1956 citado por GREENO, J. G. Gibson's affordances. *Psychological Review*, v. 101, n. 2, p. 336-342, 1994.

GREENO, J. G. Gibson's affordances. *Psychological Review*, v. 101, n. 2, p. 336-342, 1994.

GREENO, J. G. On Claims that Answer the Wrong Questions. *Educational Researcher*, v. 26, n. 1, p. 5-17, jan./feb. 1997.

GREENO, J.; MMAP. The Situativity of Knowing, learning, and research. *American Psychologist*, v. 53, n. 1, jan. 1998, p. 5-26.

GREENO, J. G; SMITH, D. R.; MOORE, J. L. Transfer of Situated Learning. In: DETTERMAN, D. K.; STERNBERG, R. J. (Ed.). *Transfer on Trial: intelligence, cognition, and instruction*. Norwood, New Jersey: Ablex, 1993. p. 99-167.

HERNÁNDEZ, F.; VENTURA, M. *A organização do currículo por projetos de trabalho: o conhecimento é um caleidoscópio*. Porto Alegre: ArtMed, 1998.

IMENES & LELLIS. *Matemática. 5ª a 8ª*. São Paulo: Scipione, 1999.

JACOBINI,O.R; WODEWOTZKI, M.L. Uma reflexão sobre a Modelagem Matemática no contexto da educação matemática crítica. *Bolema*. Rio Claro (SP), 2006, ano 19, n. 25, p. 71-88.

KANES,C;LERMAN,S. Analyzing concepts of Community of Practice. In: WATSON, A.; WINBOURNE, P. (Ed.). *New Directions for Situated Cognition in Mathematics Education*. 1 ed. New York: Springer, 2008, v. 45, p. 303-328.

KOCK, I. V. *A interação pela linguagem*. São Paulo: Contexto, 1997.

LAVE, J. *Cognition in Practice: Mind, mathematics and culture in every life*. New York: Cambridge University Press, 1988.

LAVE, J. Situating Learning in Communities of Practice. In: RESNICK, L.; LEVINE, J.; TEASLEY, S. (Ed.). *Perspectives on socially shared cognition*. 2. ed. Washington: American Psychological Association, 1993. p. 63-82.

LAVE, J. Teaching, as Learning, in Practice. *Mind, Culture, and Activity*. v. 3, n. 3, p. 149-164, Summer 1996a.

LAVE, J. The Practice of Learning. In: CHAIKLIN, S.; LAVE, J. (Ed.). *Understanding practice: perspectives on activity and context*. Cambridge: Cambridge University Press, 1996b. p. 3-32.

LAVE, J. The Culture of Acquisition and the Practice of Understanding. In: KIRSHNER, D.; WHINTSON, J. A. (Ed) *Situated Cognition: Social, Semiotic, and Psychological Perspectives*. Mahwah, New Jersey: Lawrence Erlbaum Associates, 1997. p. 17-35.

LAVE, J.; WENGER, E. *Situated Learning: Legitimate Peripheral Participation*. New York: Cambridge University Press, 1991.

LEONT'EV, A. N. *Activity, consciousness, personality*. Englewood Cliffs, New Jersey: Prentice-Hall, 1978.

LEONT'EV, A. N. The problem of activity in psychology. In: WERTSCH, J. V. The concept of activity in soviet psychology. Armonk, New York: Sharpe, 1981. p. 37-71.

LIMA, E. L.; CARVALHO, P. C. P.; WAGNER, E.; MORGADO, A. C. *A matemática do ensino médio:* v.1. Rio de Janeiro: Sociedade Brasileira de Matemática, 1997 (Coleção do Professor de Matemática).

MARCONDES, C. A. S. , GENTIL, N. , GRECO, S. E. *Matemática*. São Paulo: Ática, 2000.

MINAS GERAIS. Secretaria de Estado de Educação de Minas Gerais. *Matemática. Proposta curricular*. Educação Básica, 2005.

POMBO, O., GUIMARÃES, H. M., LEVY, T. *A interdisciplinaridade. reflexão e experiência*. 2. ed. Lisboa: Texto, 1994.

PONTE, J. P.; BROCADO, J.; OLIVEIRA, H. *Investigações matemáticas na sala de aula*. Belo Horizonte: Autêntica, 2003. (Coleção Tendências em Educação Matemática).

ROGOFF, B.; TURKANIS, C. G.; BARLETT, L. Lessons about learning as a community. In: _____. (Ed.). *Learning Together: Children and Adults in a School Community*. New York: Oxford University Press, 2001. p. 1-17.

SANTOS, M. P. *Encontros e esperas com os Ardinas de Cabo Verde: aprendizagem e participação numa prática social*. Tese (Doutorado em Educação) – Universidade de Lisboa, Portugal, 2004. Disponível em: <http://madalenapintosantos.googlepages.com/>. Acesso em: 26 jan. 2007.

SKOVSMOSE, O. *Towards a Philosophy of Critical Mathematics Education*. Dordrecht: Kluwer Academic Publishes, 1994.

SKOVSMOSE, O. *Educação Matemática Crítica: a questão da democracia*. Trad. Jussara de Loiola Araújo e Abgail Lins. São Paulo: Papirus, 2001. (Coleção Perspectivas em Educação Matemática).

SHAW, R.; TURVEY, M. T., MACE, W. Ecological psychology: The consequences of a commitment to realism. In: WEIMER, W.; PALERMO, D. (Ed.). *Cognition and the symbolic processes II*. Hillsdale, New Jersey: Erlbaum, 1982. v. 2, p. 159-226.

SOUZA, M. *História em quadrões*. São Paulo: Globo, 2001.

TOMAZ, V. S. *A sistematização do conhecimento matemático em práticas pedagógicas inter ou transdisciplinares ou que se organizem em projetos*. 2002. 212 f. Dissertação (Mestrado em Educação)- Faculdade de Educação, Universidade Federal de Minas Gerais, Belo Horizonte, 2002.

TOMAZ, V. S. *Prática de transferência de aprendizagem situada em uma atividade interdisciplinar*. 309f. Tese (Doutorado em Educação). Faculdade de Educação da Universidade Federal de Minas Gerais, Belo Horizonte, 2007.

WATSON, A. Affordances, constraints and attunements in mathematical activity. *Proceedings of the BSRLM*. 23 (2) June 2003, p.103-108.

WERTSCH, J. V. The concept of activity in soviet psychology: on introduction. In: _____ (Ed.). *The concept of activity in soviet psychology*. Armonk, New York.: Sharpe, 1981. p. 3-36.

WERTSCH, J. V. A sociocultural approach to socially shared cognition. In: RESNICK, L., LEVINE, J.; TEASLEY, S. (Ed.). *Perspectives on socially shared cognition*. Washington: American Psychological Association, 1993. p. 85-100.

Outros títulos da coleção
Tendências em Educação Matemática

Afeto em competições matemáticas inclusivas – A relação dos jovens e suas famílias com a resolução de problemas
Autoras: *Nélia Amado, Susana Carreira e Rosa Tomás Ferreira*

As dimensões afetivas constituem variáveis cada vez mais decisivas para alterar e tentar abolir a imagem fria, pouco entusiasmante e mesmo intimidante da Matemática aos olhos de muitos jovens e adultos. Sabe-se atualmente, de forma cabal, que os afetos (emoções, sentimentos, atitudes, percepções…) desempenham um papel central na aprendizagem da Matemática, designadamente na atividade de resolução de problemas. Na sequência do seu envolvimento em competições matemáticas inclusivas baseadas na internet, Nélia Amado, Susana Carreira e Rosa Tomás Ferreira debruçam-se sobre inúmeros dados e testemunhos que foram reunindo, através de questionários, entrevistas e conversas informais com alunos e pais, para caracterizar as dimensões afetivas presentes na participação de jovens alunos (dos 10 aos 14 anos) nos campeonatos de resolução de problemas SUB12 e SUB14. Neste livro, o leitor é convidado a percorrer várias das dimensões afetivas envolvidas na resolução de problemas desafiantes. A compreensão dessas dimensões ajudará a melhorar a relação das crianças e dos adultos com a Matemática e a formular uma imagem da Matemática mais humanizada, desafiante e emotiva.

Brincar e jogar – Enlaces teóricos e metodológicos no campo da Educação Matemática
Autor: *Cristiano Alberto Muniz*

Neste livro, o autor apresenta a complexa relação jogo/ brincadeira e a aprendizagem matemática. Além de discutir as diferentes perspectivas da relação jogo e Educação Matemática, ele favorece uma reflexão do quanto o conceito de Matemática implica a produção da concepção de jogos para a aprendizagem, assim como o delineamento conceitual do jogo nos propicia visualizar novas possibilidades de utilização dos jogos na Educação Matemática. Entrelaçando diferentes perspectivas teóricas e metodológicas sobre o jogo, ele apresenta análises sobre produções matemáticas realizadas por crianças em processo de escolarização em jogos ditos espontâneos, fazendo um contraponto às expectativas do educador em relação às suas potencialidades para a aprendizagem matemática. Ao trazer reflexões teóricas sobre o jogo na Educação Matemática e revelar o jogo efetivo das crianças em processo de produção matemática, a obra tanto apresenta subsídios para o desenvolvimento da investigação científica quanto para a práxis pedagógica por meio do jogo na sala de aula de Matemática.

Descobrindo a Geometria Fractal – Para a sala de aula
Autor: *Ruy Madsen Barbosa*

Neste livro, Ruy Madsen Barbosa apresenta um estudo dos belos fractais voltado para seu uso em sala de aula, buscando a sua introdução na Educação Matemática brasileira, fazendo bastante apelo ao visual artístico, sem prejuízo da precisão e rigor matemático. Para alcançar esse objetivo, o autor incluiu capítulos específicos, como os de criação e de exploração de fractais, de manipulação de material concreto, de relacionamento com o triângulo de Pascal, e particularmente um com recursos computacionais com *softwares* educacionais em uso no Brasil. A inserção de dados e comentários históricos tornam o texto de interessante leitura. Anexo ao livro é fornecido o CD-Nfract, de Francesco Artur Perrotti, para construção dos lindos fractais de Mandelbrot e Julia.

Educação a Distância online
Autores: *Marcelo de Carvalho Borba, Ana Paula dos Santos Malheiros e Rúbia Barcelos Amaral*

Neste livro, os autores apresentam resultados de mais de oito anos de experiência e pesquisas em Educação a Distância online (EaDonline), com exemplos de cursos ministrados para professores de Matemática. Além de cursos, outras práticas pedagógicas, como comunidades virtuais de aprendizagem e o desenvolvimento de projetos de modelagem realizados a distância, são descritas. Ainda que os três autores deste livro sejam da área de Educação Matemática, algumas das discussões nele apresentadas, como formação de professores, o papel docente em EaDonline, além de questões de metodologia de pesquisa qualitativa, podem ser adaptadas a outras áreas do conhecimento. Neste sentido, esta obra se dirige àquele que ainda não está familiarizado com a EaDonline e também àquele que busca refletir de forma mais intensa sobre sua prática nesta modalidade educacional. Cabe destacar que os três autores têm ministrado aulas em ambientes virtuais de aprendizagem.

Lógica e linguagem cotidiana – Verdade, coerência, comunicação, argumentação
Autores: *Nílson José Machado e Marisa Ortegoza da Cunha*

Neste livro, os autores buscam ligar as experiências vividas em nosso cotidiano a noções fundamentais tanto para a Lógica como para a Matemática. Através de uma linguagem acessível, o livro possui uma forte base filosófica que sustenta a apresentação sobre Lógica e certamente ajudará a coleção a ir além dos muros do que hoje é denominado Educação Matemática. A bibliografia comentada permitirá que o leitor procure outras obras para aprofundar os temas de seu interesse, e um índice remissivo, no final do livro, permitirá que o leitor ache facilmente explicações sobre vocábulos como contradição, dilema, falácia, proposição e sofisma. Embora este livro seja recomendado a estudantes de cursos de graduação e de especialização, em todas as áreas, ele também se destina a um público mais amplo. Visite também o site: <www.rc.unesp.br/igce/pgem/gpimem.html>

A matemática nos anos iniciais do ensino fundamental – Tecendo fios do ensinar e do aprender
Autoras: *Adair Mendes Nacarato, Brenda Leme da Silva Mengali e Cármen Lúcia Brancaglion Passos*

Neste livro, as autoras discutem o ensino de Matemática nas séries iniciais do ensino fundamental num movimento entre o aprender e o ensinar. Consideram que essa discussão não pode ser dissociada de uma mais ampla, que diz respeito à formação das professoras polivalentes – aquelas que têm uma formação mais generalista em cursos de nível médio (Habilitação ao Magistério) ou em cursos superiores (Normal Superior e Pedagogia). Nesse sentido, elas analisam como têm sido as reformas curriculares desses cursos e apresentam perspectivas para formadores e pesquisadores no campo da formação docente. O foco central da obra está nas situações matemáticas desenvolvidas em salas de aula dos anos iniciais. A partir dessas situações, as autoras discutem suas concepções sobre o ensino de Matemática a alunos dessa escolaridade, o ambiente de aprendizagem a ser criado em sala de aula, as interações que ocorrem nesse ambiente e a relação dialógica entre alunos-alunos e professora-alunos que possibilita a produção e a negociação de significado.

Álgebra para a formação do professor – Explorando os conceitos de equação e de função
Autores: *Alessandro Jacques Ribeiro e Helena Noronha Cury*

Neste livro, Alessandro Jacques Ribeiro e Helena Noronha Cury apresentam uma visão geral sobre os conceitos de equação e de função, explorando o tópico com vistas à formação do professor de Matemática. Os autores trazem aspectos históricos da constituição desses conceitos ao longo da História da Matemática e discutem os diferentes significados que até hoje perpassam as produções sobre esses tópicos. Com vistas à formação inicial ou continuada de professores de Matemática, Alessandro e Helena enfocam, ainda, alguns documentos oficiais que abordam o ensino de equações e de funções, bem como exemplos de problemas encontrados em livros didáticos. Também apresentam sugestões de atividades para a sala de aula de Matemática, abordando os conceitos de equação e de função, com o propósito de oferecer aos colegas, professores de Matemática de qualquer nível de ensino, possibilidades de refletir sobre os pressupostos teóricos que embasam o texto e produzir novas ações que contribuam para uma melhor compreensão desses conceitos, fundamentais para toda a aprendizagem matemática.

Análise de erros – O que podemos aprender com as respostas dos alunos
Autora: *Helena Noronha Cury*

Neste livro, Helena Noronha Cury apresenta uma visão geral sobre a análise de erros, fazendo um retrospecto das primeiras pesquisas na área e indicando teóricos que subsidiam investigações sobre erros. A autora defende a ideia de que a análise de erros é uma abordagem de pesquisa e também uma metodologia de ensino, se for empregada em sala de aula com o objetivo de levar os alunos a questionarem suas próprias soluções. O levantamento de trabalhos sobre erros desenvolvidos no país e no exterior, apresentado na obra, poderá ser usado pelos leitores segundo seus interesses de pesquisa ou ensino. A autora apresenta sugestões de uso dos erros em sala de aula, discutindo exemplos já trabalhados por outros investigadores. Nas conclusões, a pesquisadora sugere que discussões sobre os erros dos alunos venham a ser contempladas em disciplinas de cursos de formação de professores, já que podem gerar reflexões sobre o próprio processo de aprendizagem.

Aprendizagem em Geometria na educação básica – A fotografia e a escrita na sala de aula
Autores: *Cleane Aparecida dos Santos e Adair Mendes Nacarato*

Muitas pesquisas têm sido produzidas no campo da Educação Matemática sobre o ensino de Geometria. No entanto, o professor, quando deseja implementar atividades diferenciadas com seus alunos, depara-se com a escassez de materiais publicados. As autoras, diante dessa constatação, constroem, desenvolvem e analisam uma proposta alternativa para explorar os conceitos geométricos, aliando o uso de imagens fotográficas às produções escritas dos alunos. As autoras almejam que o compartilhamento da experiência vivida possa contribuir tanto para o campo da pesquisa quanto para as práticas pedagógicas dos professores que ensinam Matemática nos anos iniciais do ensino fundamental.

Da etnomatemática a arte-design e matrizes cíclicas
Autor: *Paulus Gerdes*

Neste livro, o leitor encontra uma cuidadosa discussão e diversos exemplos de como a Matemática se relaciona com outras atividades humanas. Para o leitor que ainda não conhece o trabalho de Paulus Gerdes, esta publicação sintetiza uma parte considerável da obra desenvolvida pelo autor ao longo dos últimos 30 anos. E para quem já conhece as pesquisas de Paulus, aqui são abordados novos tópicos, em especial as matrizes cíclicas, ideia que supera não só a noção de que a Matemática é independente de contexto e deve ser pensada como o símbolo da pureza, mas também quebra, dentro da própria Matemática, barreiras entre áreas que muitas vezes são vistas de modo estanque em disciplinas da graduação em Matemática ou do ensino médio.

Diálogo e aprendizagem em Educação Matemática
Autores: *Helle Alrø e Ole Skovsmose*

Neste livro, os educadores matemáticos dinamarqueses Helle Alrø e Ole Skovsmose relacionam a qualidade do diálogo em sala de aula com a aprendizagem. Apoiados em ideias de Paulo Freire, Carl Rogers e da Educação Matemática Crítica, esses autores trazem exemplos da sala de aula para substanciar os modelos que propõem acerca das diferentes formas de comunicação na sala de aula. Este livro é mais um passo em direção à internacionalização desta coleção. Este é o terceiro título da coleção no qual autores de destaque do exterior juntam-se aos autores nacionais para debaterem as diversas tendências em Educação Matemática. Skovsmose participa ativamente da comunidade brasileira, ministrando disciplinas, participando de conferências e interagindo com estudantes e docentes do Programa de Pós-Graduação em Educação Matemática da Unesp, em Rio Claro.

Didática da Matemática – Uma análise da influência francesa
Autor: *Luiz Carlos Pais*

Neste livro, Luiz Carlos Pais apresenta aos leitores conceitos fundamentais de uma tendência que ficou conhecida como "Didática Francesa". Educadores matemáticos franceses, na sua maioria, desenvolveram um modo próprio de ver a educação centrada na questão do ensino da Matemática. Vários educadores matemáticos do Brasil adotaram alguma versão dessa tendência ao trabalharem com concepções dos alunos, com formação de professores, entre outros temas. O autor é um dos maiores especialistas no país nessa tendência, e o leitor verá isso ao se familiarizar com conceitos como transposição didática, contrato didático, obstáculos epistemológicos e engenharia didática, dentre outros.

Educação Estatística – Teoria e prática em ambientes de modelagem matemática
Autores: *Celso Ribeiro Campos, Maria Lúcia Lorenzetti Wodewotzki e Otávio Roberto Jacobini*

Este livro traz ao leitor um estudo minucioso sobre a Educação Estatística e oferece elementos fundamentais para o ensino e a aprendizagem em sala de aula dessa disciplina, que vem se difundindo e já integra a grade curricular dos ensinos fundamental e médio. Os autores apresentam aqui o que apontam as pesquisas desse campo, além de fomentarem discussões acerca das teorias e práticas em interface com a modelagem matemática e a educação crítica.

Educação Matemática de Jovens e Adultos – Especificidades, desafios e contribuições
Autora: *Maria da Conceição F. R. Fonseca*

Neste livro, Maria da Conceição F. R. Fonseca apresenta ao leitor uma visão do que é a Educação de Adultos e de que forma essa se entrelaça com a Educação Matemática. A autora traz para o leitor reflexões atuais feitas por ela e por outros educadores que são referência na área de Educação de Jovens e Adultos no país. Este quinto volume da coleção Tendências em Educação Matemática certamente irá impulsionar a pesquisa e a reflexão sobre o tema, fundamental para a compreensão da questão do ponto de vista social e político.

Etnomatemática – Elo entre as tradições e a modernidade
Autor: *Ubiratan D'Ambrosio*

Neste livro, Ubiratan D'Ambrosio apresenta seus mais recentes pensamentos sobre Etnomatemática, uma tendência da qual é um dos fundadores. Ele propicia ao leitor uma análise do papel da Matemática na cultura ocidental e da noção de que Matemática é apenas uma forma de Etnomatemática. O autor discute como a análise desenvolvida é relevante para a sala de aula. Faz ainda um arrazoado de diversos trabalhos na área já desenvolvidos no país e no exterior.

Etnomatemática em movimento
Autoras: *Gelsa Knijnik, Fernanda Wanderer, Ieda Maria Giongo e Claudia Glavam Duarte*

Integrante da coleção Tendências em Educação Matemática, este livro traz ao público um minucioso estudo sobre os rumos da Etnomatemática, cuja referência principal é o brasileiro Ubiratan D'Ambrosio. As ideias aqui discutidas tomam como base o desenvolvimento dos estudos etnomatemáticos e a forma como o movimento de continuidades e deslocamentos tem marcado esses trabalhos, centralmente ocupados em questionar a política do conhecimento dominante. As autoras refletem aqui sobre as discussões atuais em torno das pesquisas etnomatemáticas e o percurso tomado sobre essa vertente da Educação Matemática, desde seu surgimento, nos anos 1970, até os dias atuais.

Fases das tecnologias digitais em Educação Matemática – Sala de aula e internet em movimento
Autores: *Marcelo de Carvalho Borba, Ricardo Scucuglia Rodrigues da Silva e George Gadanidis*

Com base em suas experiências enquanto docentes e pesquisadores, associadas a uma análise acerca das principais pesquisas desenvolvidas no Brasil sobre o uso de tecnologias digitais no ensino e aprendizagem de Matemática, os autores apresentam uma perspectiva fundamentada em quatro fases. Inicialmente, os leitores encontram uma descrição sobre cada uma dessas fases, o que inclui a apresentação de visões teóricas e exemplos de atividades matemáticas características em cada momento. Baseados na "perspectiva das quatro fases", os autores discutem questões sobre o atual momento (quarta fase). Especificamente, eles exploram o uso do *software* GeoGebra no estudo do conceito de derivada, a utilização da internet em sala de aula e a noção denominada performance matemática digital, que envolve as artes.

Este livro, além de sintetizar de forma retrospectiva e original uma visão sobre o uso de tecnologias em Educação Matemática, resgata e compila de maneira exemplificada questões teóricas e propostas de atividades, apontando assim inquietações importantes sobre o presente e o futuro da sala de aula de Matemática. Portanto, esta obra traz assuntos potencialmente interessantes para professores e pesquisadores que atuam na Educação Matemática.

Filosofia da Educação Matemática
Autores: *Maria Aparecida Viggiani Bicudo e Antonio Vicente Marafioti Garnica*

Neste livro, Maria Bicudo e Antonio Vicente Garnica apresentam ao leitor suas ideias sobre Filosofia da Educação Matemática. Eles propiciam ao leitor a oportunidade de refletir sobre questões relativas à Filosofia da Matemática, à Filosofia da Educação e mostram as novas perguntas que definem essa tendência em Educação Matemática. Neste livro, em vez de ver a Educação Matemática sob a ótica da Psicologia ou da própria Matemática, os autores a veem sob a ótica da Filosofia da Educação Matemática.

Formação matemática do professor – Licenciatura e prática docente escolar
Autores: *Plinio Cavalcante Moreira e Maria Manuela M. S. David*

Neste livro, os autores levantam questões fundamentais para a formação do professor de Matemática. Que Matemática deve o professor de Matemática estudar? A acadêmica ou aquela que é ensinada na escola? A partir de perguntas como essas, os autores questionam essas opções dicotômicas e apontam um terceiro caminho a ser seguido. O livro apresenta diversos exemplos do modo como os conjuntos numéricos são trabalhados na escola e na academia. Finalmente, cabe lembrar que esta publicação inova ao integrar o livro com a internet. No site da editora www.autenticaeditora.com.br, procure por Educação Matemática e pelo título "A formação matemática do professor: licenciatura e prática docente escolar", onde o leitor pode encontrar alguns textos complementares ao livro e apresentar seus comentários, críticas e sugestões, estabelecendo, assim, um diálogo online com os autores.

História na Educação Matemática – Propostas e desafios
Autores: *Antonio Miguel e Maria Ângela Miorim*

Neste livro, os autores discutem diversos temas que interessam ao educador matemático. Eles abordam História da Matemática, História da Educação Matemática e como essas duas regiões de inquérito podem se relacionar com a Educação Matemática. O leitor irá notar que eles também apresentam uma visão sobre o que é História e abordam esse difícil tema de uma forma acessível ao leitor interessado no assunto. Este décimo volume da coleção certamente transformará a visão do leitor sobre o uso de História na Educação Matemática.

Informática e Educação Matemática
Autores: *Marcelo de Carvalho Borba e Miriam Godoy Penteado*

Os autores tratam de maneira inovadora e consciente da presença da informática na sala de aula quando do ensino de Matemática. Sem prender-se a clichês que entusiasmadamente apoiam o uso de computadores para o ensino de Matemática ou criticamente negam qualquer uso desse tipo, os autores citam exemplos práticos, fundamentados em explicações teóricas objetivas, de como se pode relacionar Matemática e informática em sala de aula. Tratam também de questões políticas relacionadas à adoção de computadores e calculadoras gráficas para o ensino de Matemática.

Investigações matemáticas na sala de aula
Autores: *João Pedro da Ponte, Joana Brocardo e Hélia Oliveira*

Neste livro, os autores – todos portugueses – analisam como práticas de investigação desenvolvidas por matemáticos podem ser trazidas para a sala de aula. Eles mostram resultados de pesquisas ilustrando as vantagens e dificuldades de se trabalhar com tal perspectiva em Educação Matemática. Geração de conjecturas, reflexão e formalização do conhecimento são aspectos discutidos pelos autores ao analisarem os papéis de alunos e professores em sala de aula quando lidam com problemas em áreas como geometria, estatística e aritmética.

Matemática e arte
Autor: *Dirceu Zaleski Filho*

Neste livro, Dirceu Zaleski Filho propõe reaproximar a Matemática e a arte no ensino. A partir de um estudo sobre a importância da relação entre essas áreas, o autor elabora aqui uma análise da contemporaneidade e oferece ao leitor uma revisão integrada da História da Matemática e da História da Arte, revelando o quão benéfica sua conciliação pode ser para o ensino. O autor sugere aqui novos caminhos para a Educação Matemática, mostrando como a Segunda Revolução Industrial – a eletroeletrônica, no século XXI – e a arte de Paul Cézanne, Pablo Picasso e, em especial, Piet Mondrian contribuíram para essa reaproximação, e como elas podem ser importantes para o ensino de Matemática em sala de aula.

Matemática e Arte é um livro imprescindível a todos os professores, alunos de graduação e de pós-graduação e, fundamentalmente, para professores da Educação Matemática.

Modelagem em Educação Matemática
Autores: *João Frederico da Costa de Azevedo Meyer, Ademir Donizeti Caldeira e Ana Paula dos Santos Malheiros*

A partir de pesquisas e da experiência adquirida em sala de aula, os autores deste livro oferecem aos leitores reflexões sobre aspectos da Modelagem e suas relações com a Educação Matemática. Esta obra mostra como essa disciplina pode funcionar como uma estratégia na qual o aluno ocupa lugar central na escolha de seu currículo.

Os autores também apresentam aqui a trajetória histórica da Modelagem e provocam discussões sobre suas relações, possibilidades e perspectivas em sala de aula, sobre diversos paradigmas educacionais e sobre a formação de professores. Para eles, a Modelagem deve ser datada, dinâmica, dialógica e diversa. A presente obra oferece um minucioso estudo sobre as bases teóricas e práticas da Modelagem e, sobretudo, aproxima dos professores e alunos de Matemática.

O uso da calculadora nos anos iniciais do ensino fundamental
Autoras: *Ana Coelho Vieira Selva e Rute Elizabete de Souza Borba*

Neste livro, Ana Selva e Rute Borba abordam o uso da calculadora em sala de aula, desmistificando preconceitos e demonstrando a grande contribuição dessa ferramenta para o processo de aprendizagem da Matemática. As autoras apresentam pesquisas, analisam propostas de uso da calculadora em livros didáticos e descrevem experiências inovadoras em sala de aula em que a calculadora possibilitou avanços nos conhecimentos matemáticos dos estudantes dos anos iniciais do ensino fundamental. Trazem também diversas sugestões de uso da calculadora na sala de aula que podem contribuir para um novo olhar, por parte dos professores, para o uso dessa ferramenta no cotidiano da escola.

Pesquisa em ensino e sala de aula – Diferentes vozes em uma investigação
Autores: *Marcelo de Carvalho Borba, Helber Rangel Formiga Leite de Almeida e Telma Aparecida de Souza Gracias*

Pesquisa em ensino e sala de aula: diferentes vozes em uma investigação não se trata apenas de uma obra sobre metodologia de pesquisa: neste livro, os autores abordam diversos aspectos da pesquisa em ensino e suas relações com a sala de aula. Motivados por uma pergunta provocadora, eles apontam que as pesquisas em ensino são instigadas pela vivência dos professores em suas salas de aulas, e esse "cotidiano" dispara inquietações acerca de sua atuação, de sua formação, entre outras. Ainda, os autores lançam mão da metáfora das "vozes" para indicar que o pesquisador, seja iniciante ou mesmo experiente, não está sozinho em uma pesquisa, ele "escuta" a literatura e os referenciais teóricos e os entrelaça com a metodologia e os dados produzidos.

Pesquisa Qualitativa em Educação Matemática
Organizadores: *Marcelo de Carvalho Borba e Jussara de Loiola Araújo*

Os autores apresentam, neste livro, algumas das principais tendências no que tem sido denominado "Pesquisa Qualitativa em Educação Matemática". Essa visão de pesquisa está baseada na ideia de que há sempre um aspecto subjetivo no conhecimento produzido. Não há, nessa visão, neutralidade no conhecimento que se constrói. Os quatro capítulos explicam quatro linhas de pesquisa em Educação Matemática, na vertente qualitativa, que são representativas do que de importante vem sendo feito no Brasil. São capítulos que revelam a originalidade de seus autores na criação de novas direções de pesquisa.

Psicologia na Educação Matemática
Autor: *Jorge Tarcísio da Rocha Falcão*

Neste livro, o autor apresenta ao leitor a Psicologia da Educação Matemática, embasando sua visão em duas partes. Na primeira, ele discute temas como psicologia do desenvolvimento e psicologia escolar e da aprendizagem, mostrando como um novo domínio emerge dentro dessas áreas mais tradicionais. Em segundo lugar, são apresentados resultados de pesquisa, fazendo a conexão com a prática daqueles que militam na sala de aula. O autor defende a especificidade deste novo domínio, na medida em que é relevante considerar o objeto da aprendizagem, e sugere que a leitura deste livro seja complementada por outros desta coleção, como *Didática da Matemática: sua influência francesa, Informática e Educação Matemática e Filosofia da Educação Matemática*.

Relações de gênero, Educação Matemática e discurso – Enunciados sobre mulheres, homens e matemática
Autoras: *Maria Celeste Reis Fernandes de Souza e Maria da Conceição F. R. Fonseca*
Neste livro, as autoras nos convidam a refletir sobre o modo como as relações de gênero permeiam as práticas educativas, em particular as que se constituem no âmbito da Educação Matemática. Destacando o caráter discursivo dessas relações, a obra entrelaça os conceitos de *gênero*, *discurso* e *numeramento* para discutir enunciados envolvendo mulheres, homens e Matemática. As autoras elegeram quatro enunciados que circulam recorrentemente em diversas práticas sociais: "Homem é melhor em Matemática (do que mulher)"; "Mulher cuida melhor... mas precisa ser cuidada"; "O que é escrito vale mais" e "Mulher também tem direitos". A análise que elas propõem aqui mostra como os discursos sobre relações de gênero e matemática repercutem e produzem desigualdades, impregnando um amplo espectro de experiências que abrange aspectos afetivos e laborais da vida doméstica, relações de trabalho e modos de produção, produtos e estratégias da mídia, instâncias e preceitos legais e o cotidiano escolar.

Tendências internacionais em formação de professores de Matemática
Organizador: *Marcelo de Carvalho Borba*
Neste livro, alguns dos mais importantes pesquisadores em Educação Matemática, que trabalham em países como África do Sul, Estados Unidos, Israel, Dinamarca e diversas Ilhas do Pacífico, nos trazem resultados dos trabalhos desenvolvidos. Esses resultados e os dilemas apresentados por esses autores de renome internacional são complementados pelos comentários que Marcelo C. Borba faz na apresentação, buscando relacionar as experiências deles com aquelas vividas por nós no Brasil. Borba aproveita também para propor alguns problemas em aberto, que não foram tratados por eles, além de destacar um exemplo de investigação sobre a formação de professores de Matemática que foi desenvolvida no Brasil.

Este livro foi composto com tipografia Minion Pro e impresso
em papel Off-White 70 g/m² na Artes Gráficas Formato.